まえがき

新学習指導要領の改訂により、小学校で学ぶ内容は英語なども加わり多岐にわたるようになりました。しかし、算数や国語といった教科の大切さは変わりません。

そして、算数の力を身につけるためには、学校の授業で学んだことを「くり返し学習する」ことが大切です。ただ、学校で学ぶことはたくさんあるけれど、学習時間は限られているため、家庭での取り組みが一層大切になってきます。

ロングセラーをさらに使いやすく

本書「陰山ドリル　上級算数」は、算数の基礎基本を身につけ、さらに応用力を養うドリルです。

長年、小学生や保護者の皆さんに支持されてきました。それは、「家庭」で「くり返し」、「取り組みやすい」よう工夫されているからです。

今回、指導要領の改訂に合わせ、内容の更新を行うとともに、さらに新しい工夫を加えています。

陰山ドリル上級算数のポイント

・図などを用いた「わかりやすい説明」
・「なぞり書き」で学習でサポート
・大切な単元には理解度がわかる「まとめ」つき
・豊富な問題量で応用力を養う

つまずきを少なくすることで「算数の苦手意識」をなくし、できたという「達成感」が得られるようになります。

本書が、お子様の学力育成の一助になれば幸いです。

陰山英男・桝谷雄三

もくじ

がつ　　にち

どちらがおおい (1)

なまえ

どちらが　おおいでしょう。おおい　ほうに　○を　つけましょう。

①

(　　　)
(　　　)

②

(　　　)
(　　　)

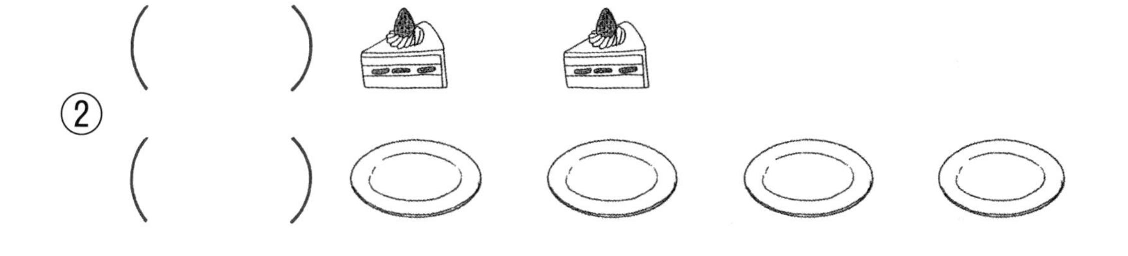

③

(　　　)
(　　　)

④

(　　　)
(　　　)

がつ　　にち

どちらがおおい (2)

なまえ

どちらが　おおいでしょう。おおい　ほうに
○を　つけましょう。

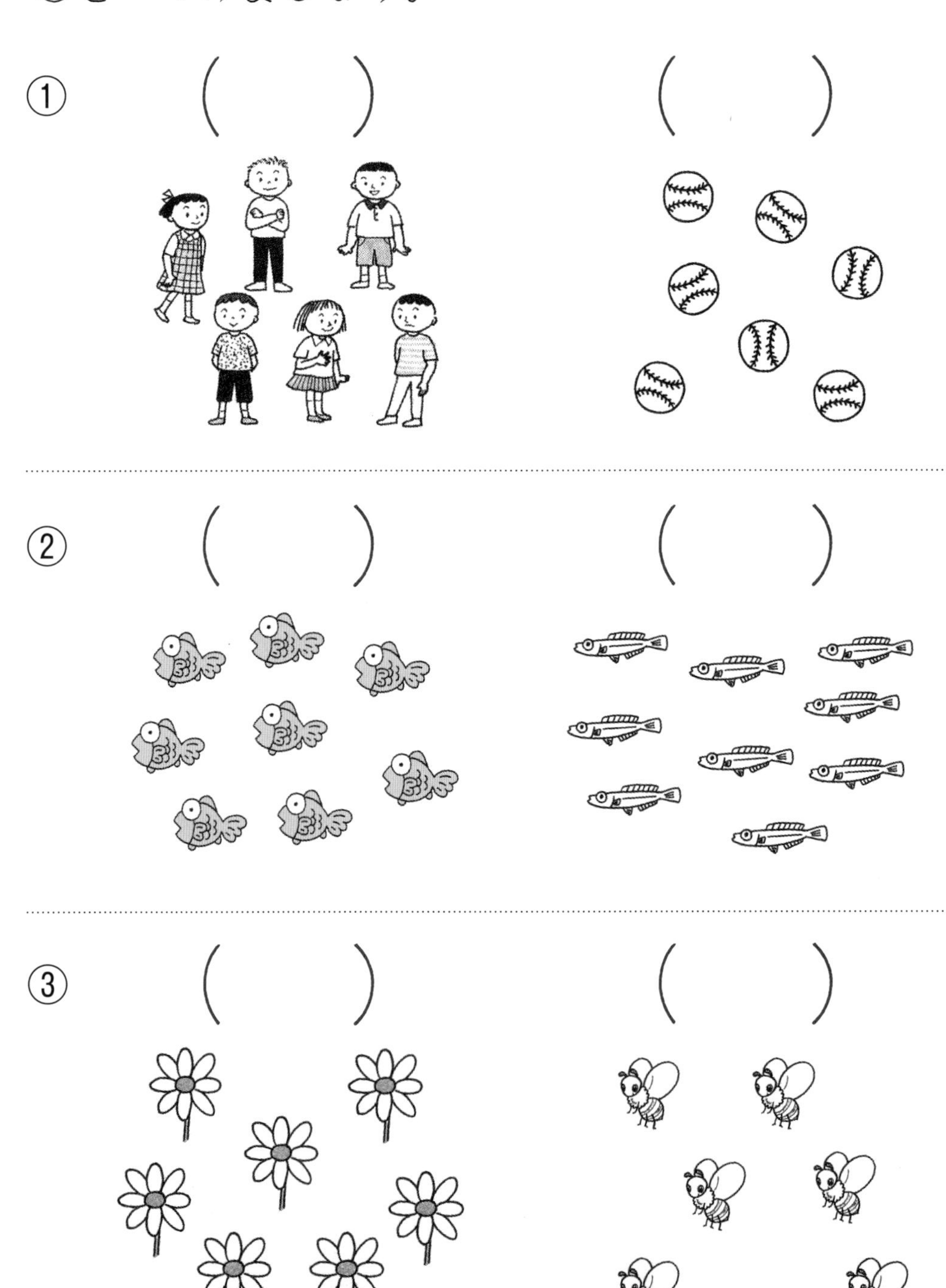

5までのかず (1)

がつ　　にち

なまえ

くだもののかずだけ　いろを　ぬりましょう。

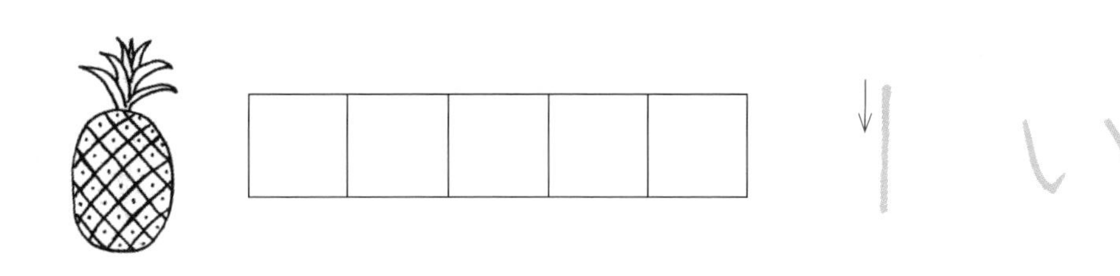

1 いち

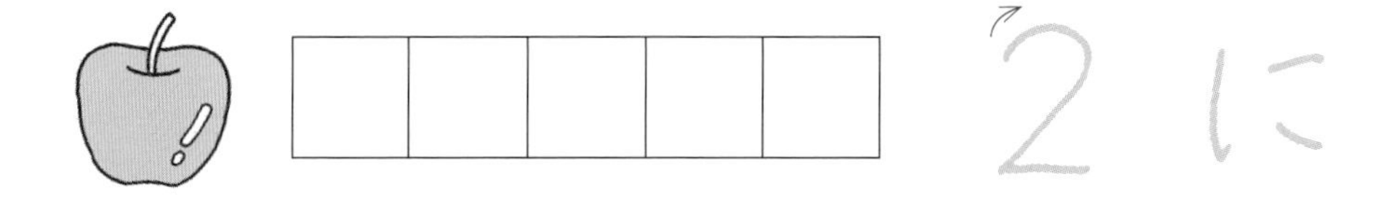

2 に

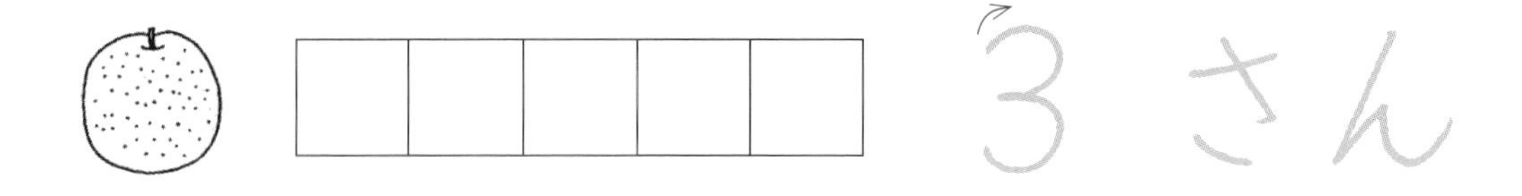

3 さん

4 し

5 ご

5までのかず (2)

がつ　　にち

なまえ

1　ていねいに　すうじの　れんしゅうを　しましょう。

いち	1	1				
に	2	2				
さん	3	3				
し	4	4				
ご	5	5				

2　いくつ　あるか　□に　かずを　かきましょう。

①

②

③

④

がつ　にち

5までのかず (3)

なまえ

1　りんごが　ふたつ　ありました。

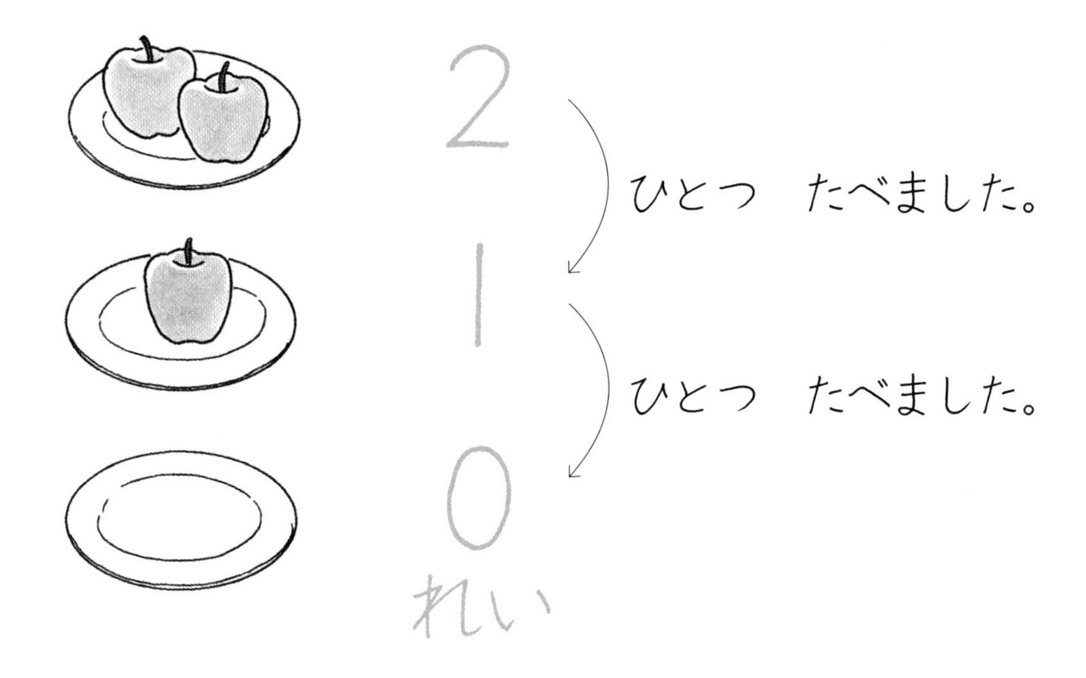

2　わなげを　しました。

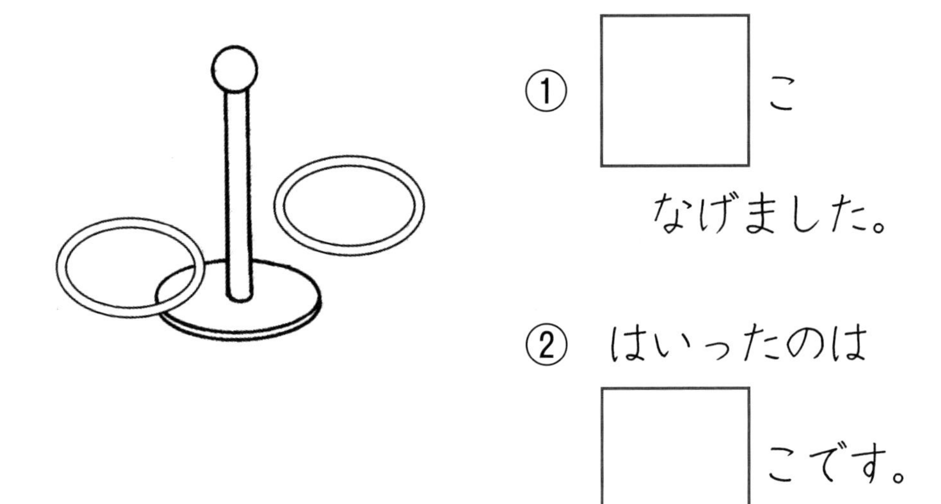

① □こ なげました。

② はいったのは □こです。

5までのかず (4)

がつ　にち

なまえ

おおきい　かずに　○を　つけましょう。

①
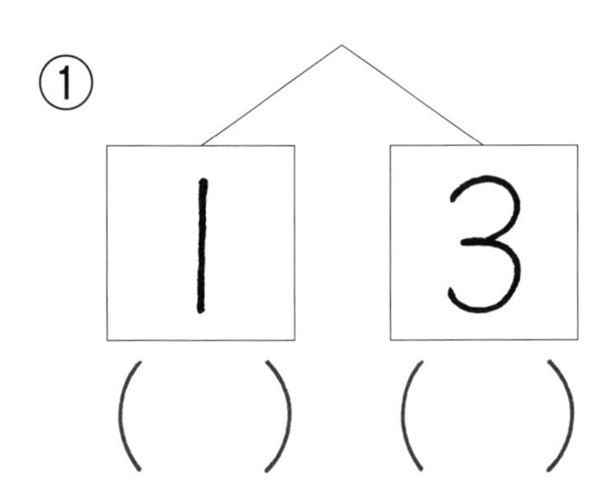

②
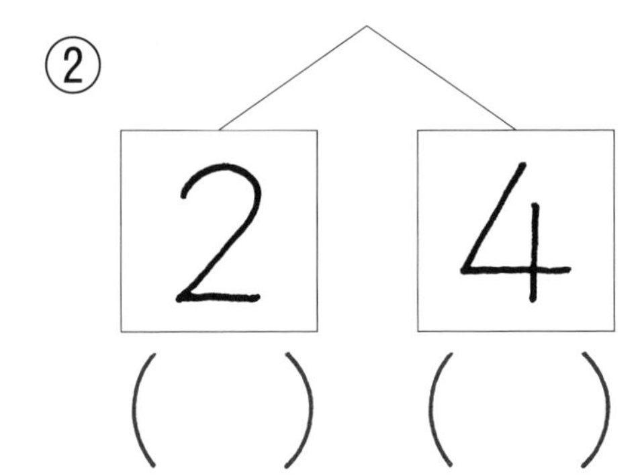

③
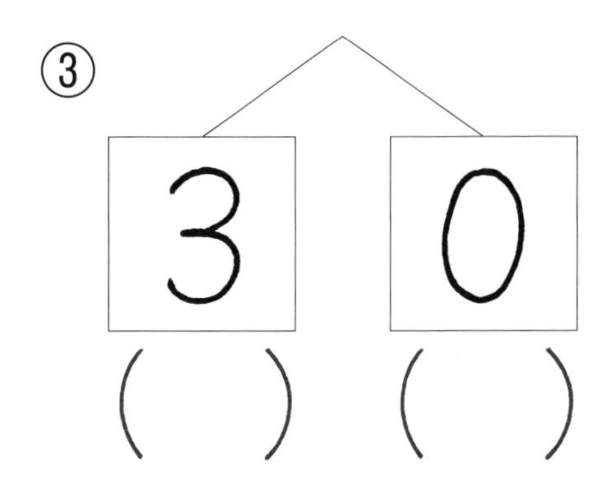

④
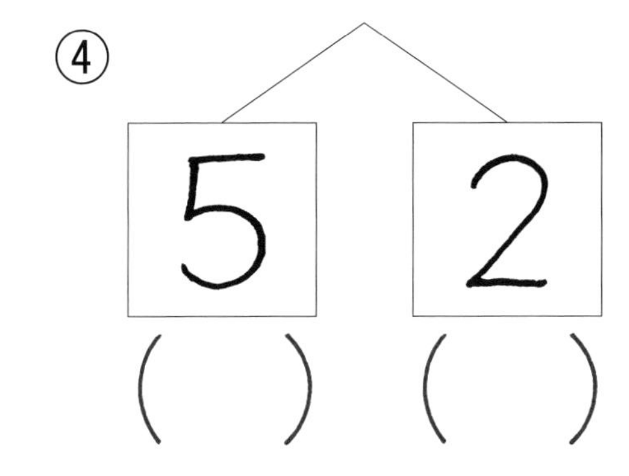

⑤

4　5

(　　)　(　　)

⑥
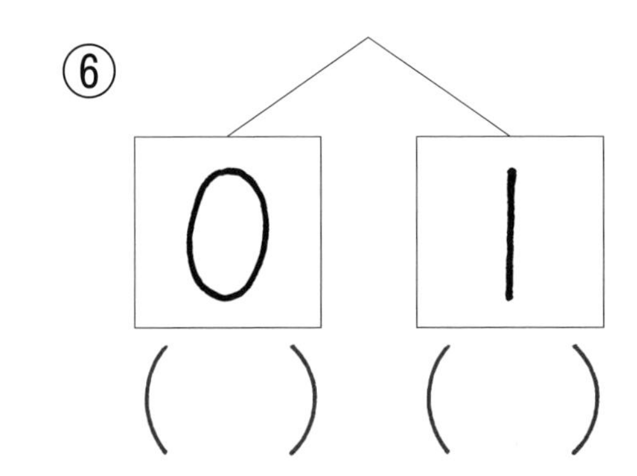

がつ　　にち

5までのかず (5)

なまえ

1 ■の　かずを　すうじで　かきましょう。

①

②

③
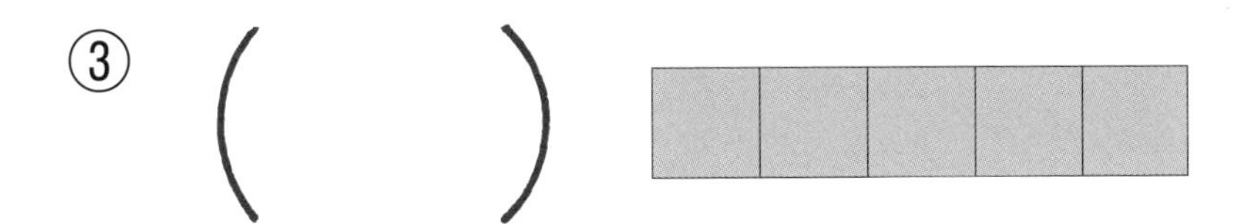

④

⑤

⑥
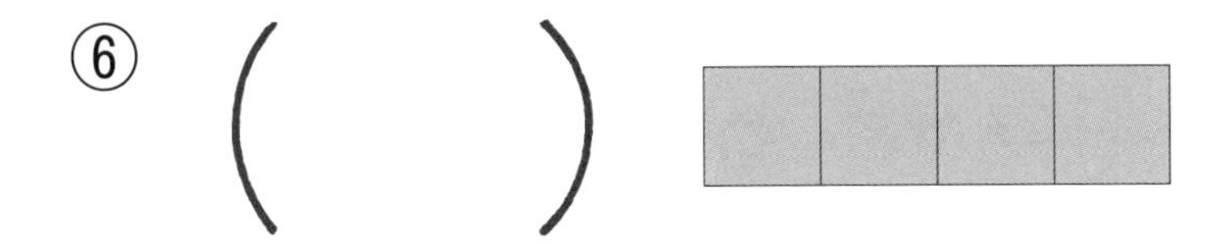

2 かずを　よみながら　なぞりましょう。

5　4　3　2　1　0

がつ　にち

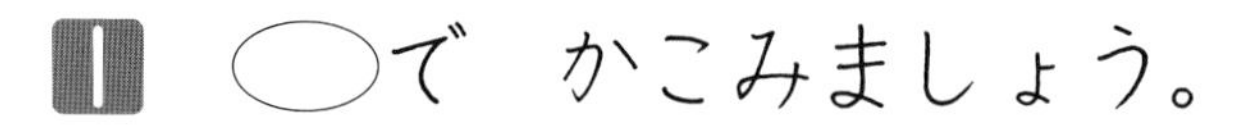

なんばんめ (1)

なまえ

1 ⬭で　かこみましょう。

① まえから　3にん

② まえから　4にん

③ まえから　5にん

2 いろを　ぬりましょう。

① まえから　3にんめ

② まえから　4にんめ

③ まえから　5にんめ

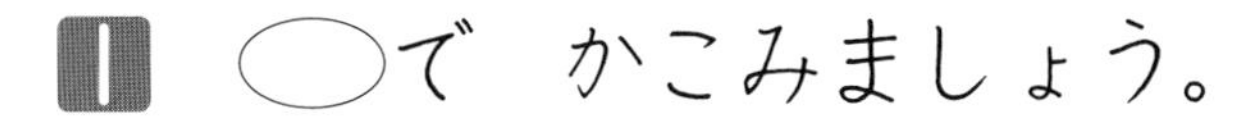

なんばんめ (2)

なまえ

1　⬭で　かこみましょう。

① みぎから　4にん

② ひだりから　ふたり

2　いろを　ぬりましょう。

① みぎから　3こめ

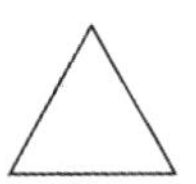  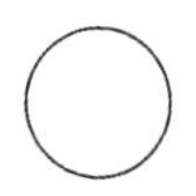 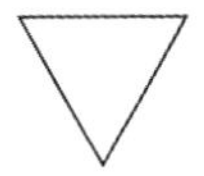 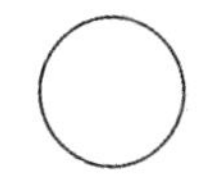

② ひだりから　4こめ

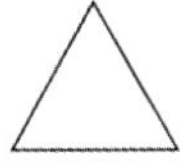  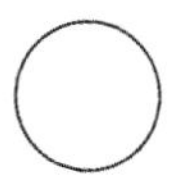 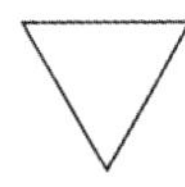 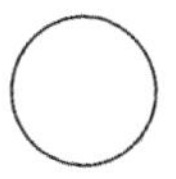

③ うえから　2こめ

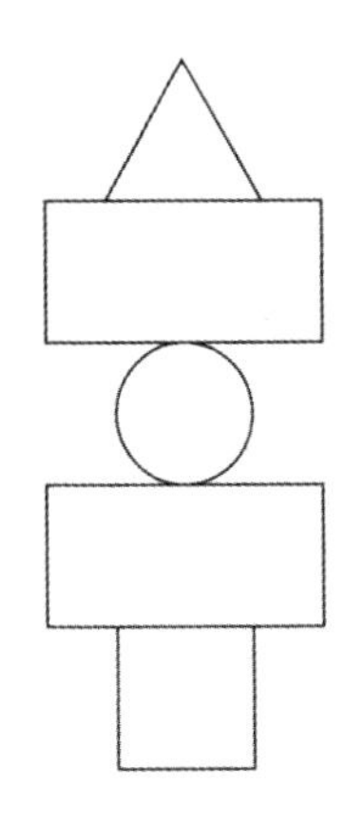

④ したから　5こめ

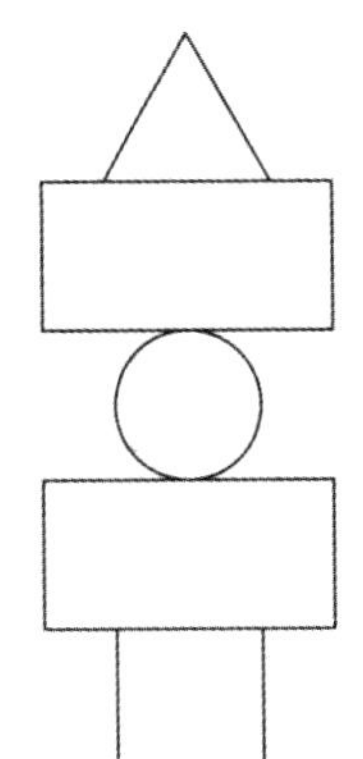

いくつといくつ (1)

がつ　にち

なまえ

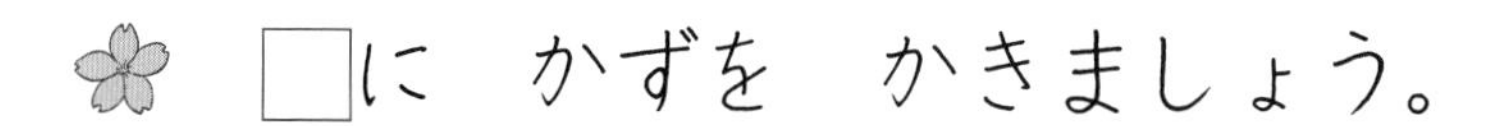

□に　かずを　かきましょう。

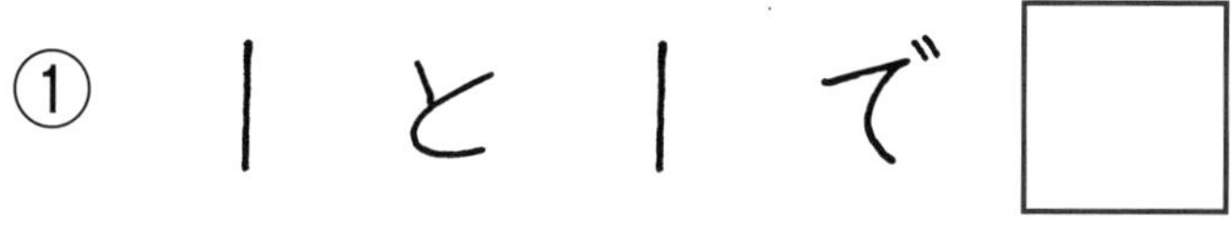

① 1 と 1 で □

② 1 と 2 で □

③ 2 と 1 で □

④ 1 と 3 で □

⑤ 2 と 2 で □

いくつといくつ (2)

なまえ

 □に　かずを　かきましょう。

① 3　と　1　で　□

□□□　□　□□□□

② 1　と　4　で　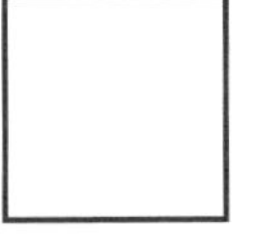

□　□□□□　□□□□□

③ 2　と　3　で　

□□　□□□　□□□□□

④ 3　と　2　で　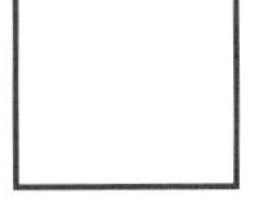

□□□　□□　□□□□□

⑤ 4　と　1　で　□

□□□□　□　□□□□□

いくつといくつ (3)

がつ　にち
なまえ

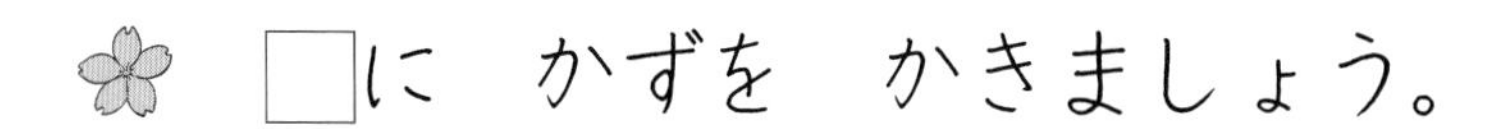

□に　かずを　かきましょう。

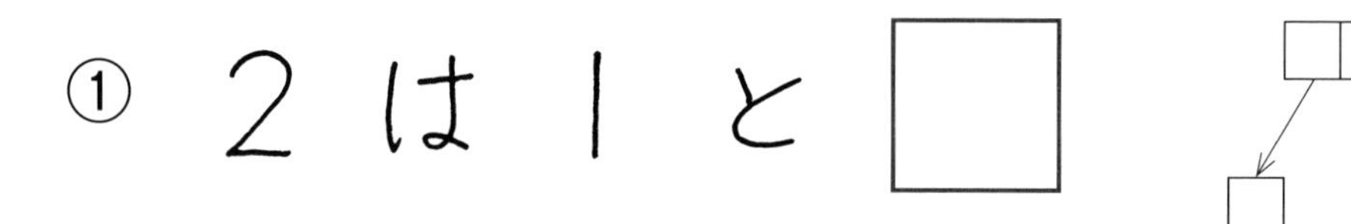

① 2 は 1 と □

② 3 は 2 と □

③ 4 は 3 と □

④ 5 は 2 と □

⑤ 4 は 1 と □

いくつと いくつ (4)

なまえ

がつ　にち

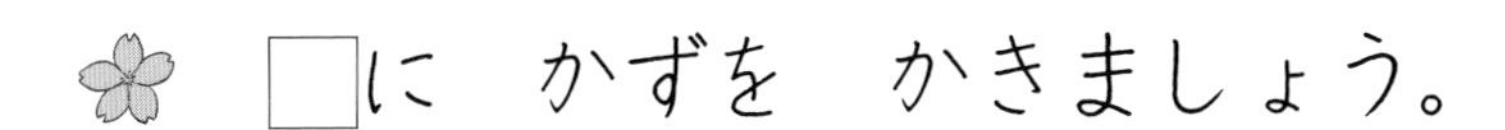

□に　かずを　かきましょう。

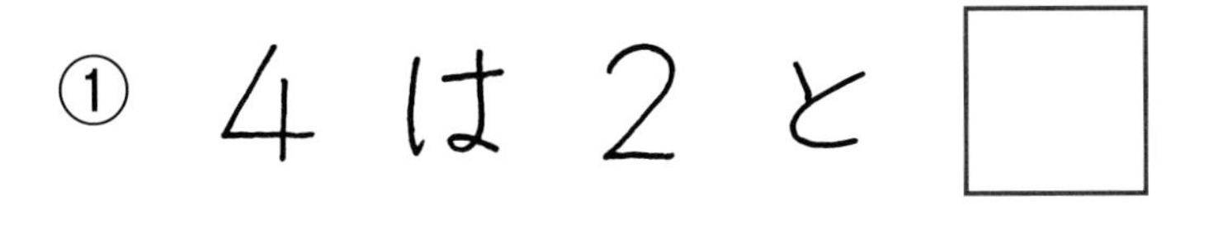

① 4 は 2 と □

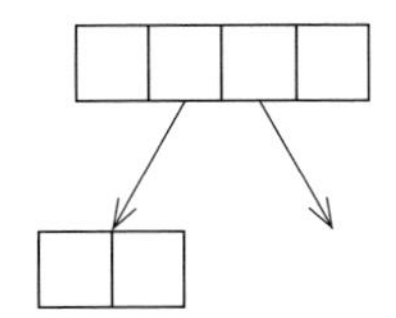

② 5 は 1 と □

③ 3 は 1 と □

④ 5 は 3 と □

⑤ 5 は 4 と □

5までのたしざん (1)

がつ　にち

なまえ

1　いちごが　あります。あわせて　なんこですか。

□□　と　□□□　で　□□□□□

2　と　3　で　5

しき

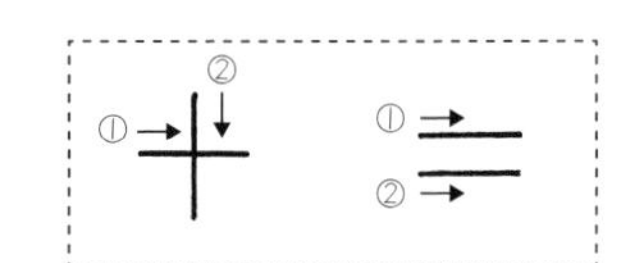

$2+3=5$

に　たす　さん　は　ご

こたえ ＿＿＿＿＿＿＿＿

2　あめが　あります。あわせて　なんこですか。

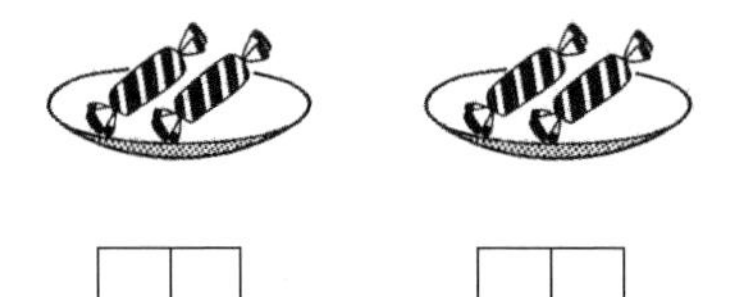

□□　□□

しき

□＋□＝□

こたえ ＿＿＿＿＿＿＿＿

5までのたしざん (2)

がつ　にち

なまえ

1　さらに　バナナが　のっています。あわせて　なんぼん　ありますか。

しき

こたえ

2　みかんが　こたつの　うえに　1こ、かごの　なかに　3こ　あります。ぜんぶで　なんこですか。

しき

こたえ

3　ほんが　つくえの　うえに　1さつ、ほんだなに　4さつ　あります。ぜんぶで　なんさつですか。

しき

こたえ

がつ　　にち

5までのたしざん (3)

なまえ

1 きんぎょが　すいそうに　3びき　いました。
よみせで　すくってきて　2ひき　いれました。
なんびきに　なりましたか。

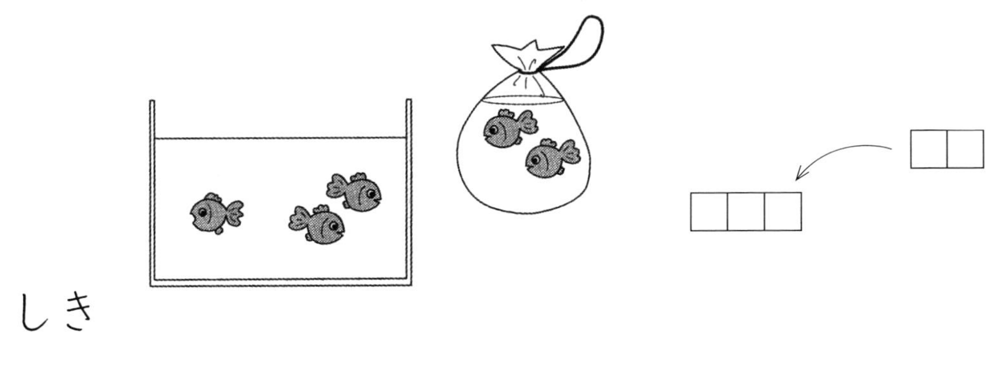

しき

3＋2＝5

こたえ ＿＿＿＿＿＿

2 しゃこに　くるまが　3だい　とまっています。
1だい　ふえました。なんだいに　なりましたか。

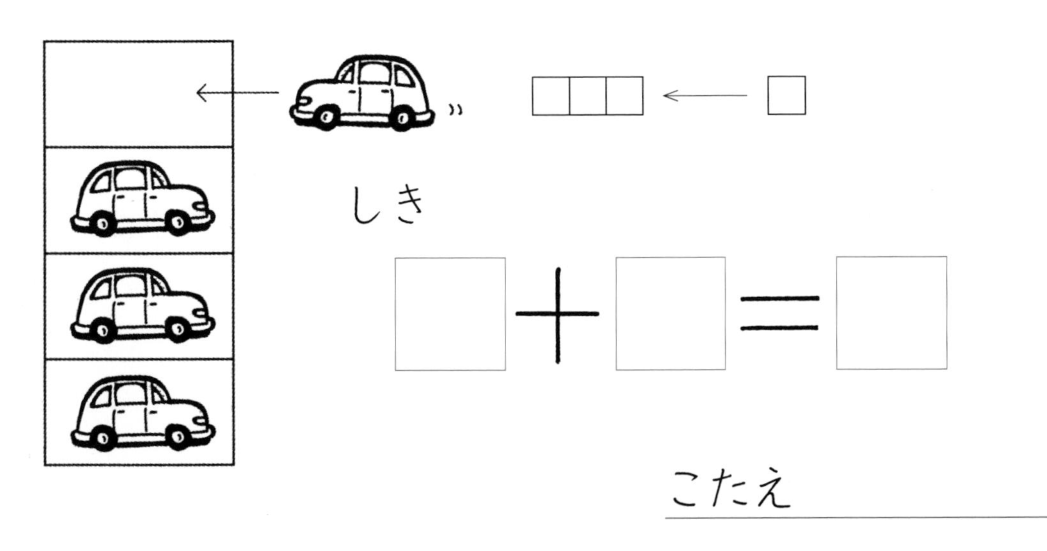

しき

□＋□＝□

こたえ ＿＿＿＿＿＿

がつ　　にち

5までのたしざん (4)　なまえ

1 かびんに　はなが　4ほん　はいっています。
そこへ　1ぽん　さしました。
はなは　なんぼんに　なりましたか。

しき

こたえ

2 りんごが　かごの　なかに　1こ　あります。
おとうさんが　りんごを　2こ　かってきました。
りんごは　ぜんぶで　なんこに　なりましたか。

しき

こたえ

3 けしごむを　1こ　もっています。おにいさんが
けしごむを　1こ　くれました。
ぜんぶで　なんこに　なりましたか。

しき

こたえ

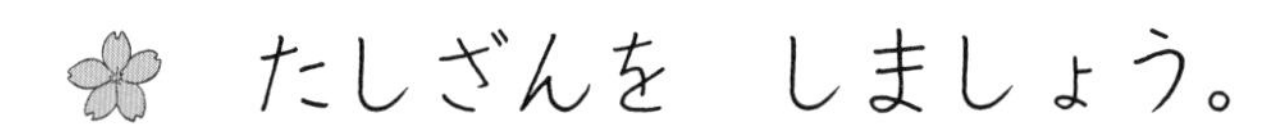

5までのたしざん (5)

なまえ

たしざんを　しましょう。

① $1+1=$　② $1+2=$

③ $1+3=$　④ $1+4=$

⑤ $1+0=$　⑥ $3+1=$

⑦ $2+3=$　⑧ $2+0=$

⑨ $2+2=$　⑩ $4+1=$

5までのたしざん ⑹

なまえ

がつ　にち

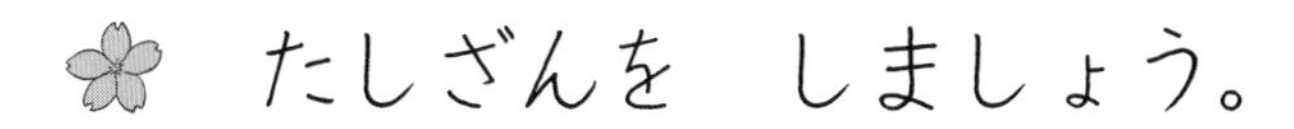

たしざんを　しましょう。

① $0+0=$　　② $0+1=$

③ $0+2=$　　④ $0+3=$

⑤ $0+4=$　　⑥ $0+5=$

⑦ $2+1=$　　⑧ $3+2=$

⑨ $4+0=$　　⑩ $5+0=$

5までのひきざん (1)

なまえ

1 きんぎょが　すいそうに　3びき　いました。
1ぴき　すくいました。のこりは　なんびきですか。

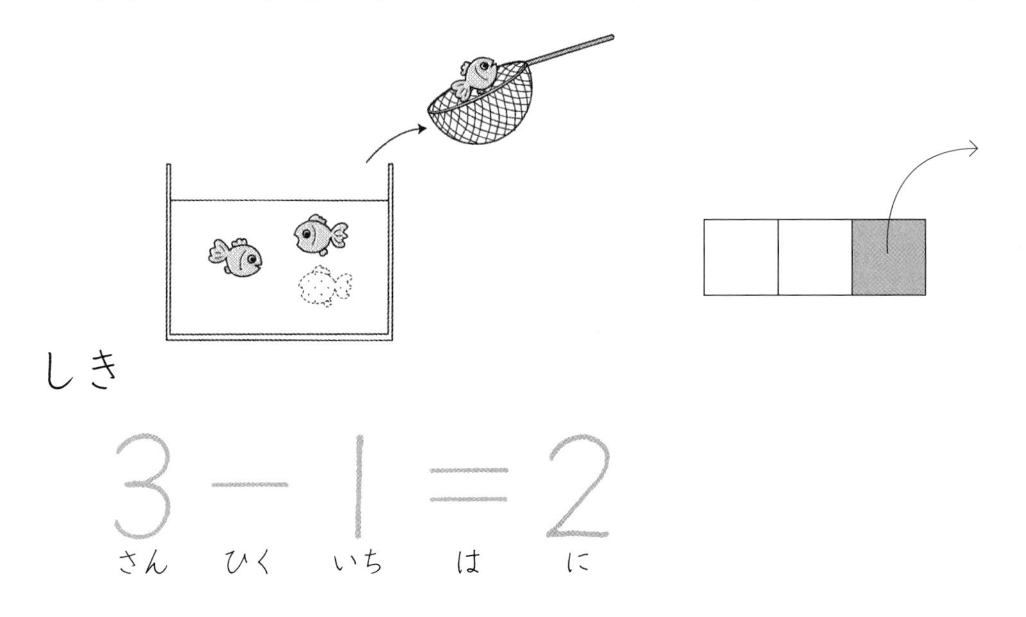

しき

3 − 1 ＝ 2
さん　ひく　いち　は　に

こたえ ＿＿＿＿＿＿

2 あめが　2こ　あります。1こ　たべました。
のこりは　なんこですか。

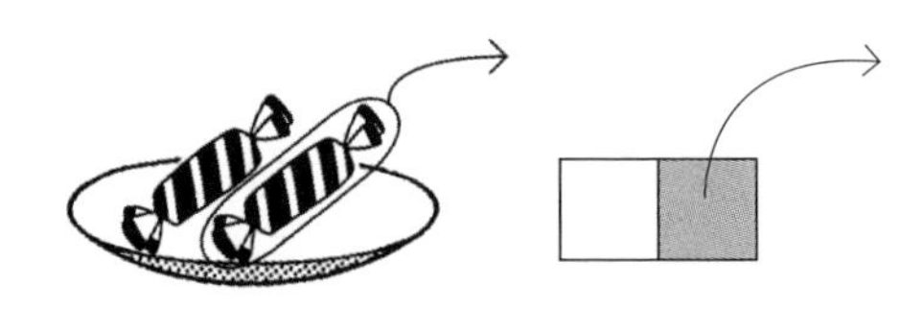

しき

こたえ ＿＿＿＿＿＿

がつ　にち

5までのひきざん (2)

なまえ

1 がっきゅうえんに　はなが　4ほん　さいていました。きょうしつに　かざるので　2ほん　きりました。がっきゅうえんに　はなは　なんぼん　のこっていますか。

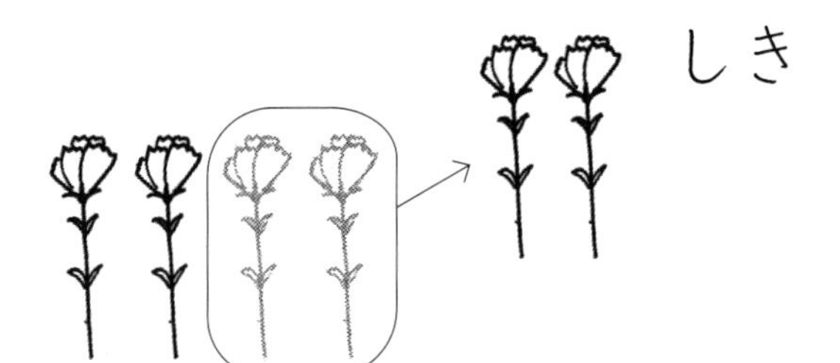

しき

こたえ

2 いけに　めだかが　5ひき　およいで　います。3びきが　かくれました。いま　なんびき　みえますか。

しき

こたえ

3 さらに　いちごが　3こ　あります。2こ　たべました。のこりは　なんこですか。

しき

こたえ

がつ　　にち

5までのひきざん (3)

なまえ

1 おねえさんは　えんぴつを　5ほん　もっています。わたしは、4ほん　もっています。おねえさんが　なんぼん　おおく　もっていますか。

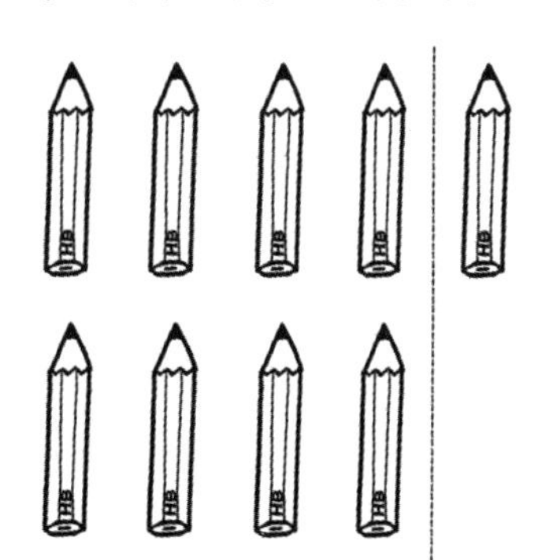

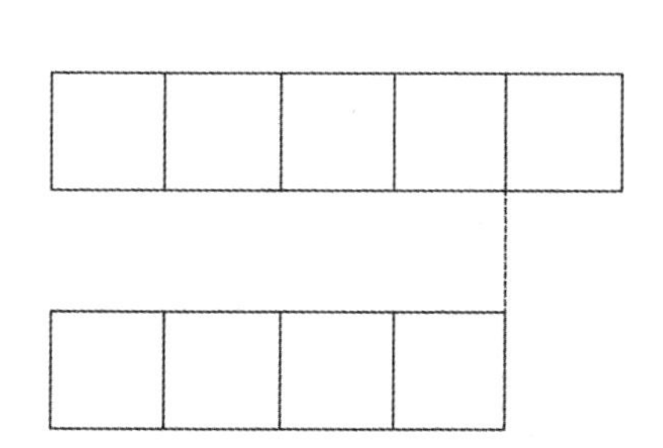

しき

5−4＝1

こたえ

2 しろい　はなが　4ほん　さいています。
あかいはなが　1ぽん　さいています。
ちがいは　なんぼんですか。

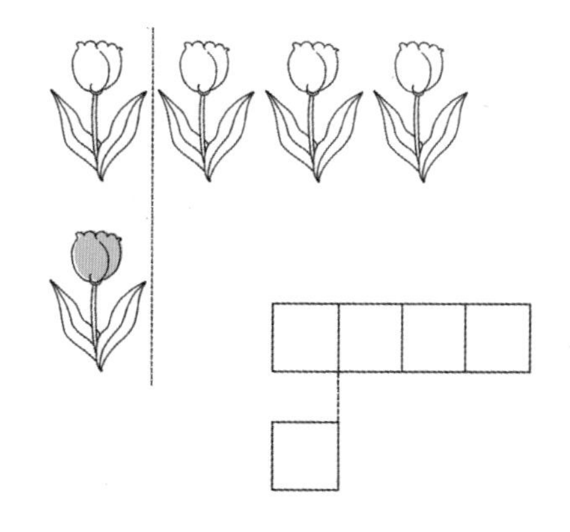

しき

□−□＝□

こたえ

がつ　にち

5までのひきざん (4)

なまえ

1 あかい　おりがみが　5まい　あります。
あおい　おりがみが　2まい　あります。
ちがいは　なんまいですか。

しき

こたえ

2 ねこが　4ひき、いぬが　3びき　います。
ねこの　ほうが　なんびき　おおいですか。

しき

こたえ

3 みかんが　5こ　あります。りんごが　1こ　あります。みかんの　ほうが　なんこ　おおいですか。

しき

こたえ

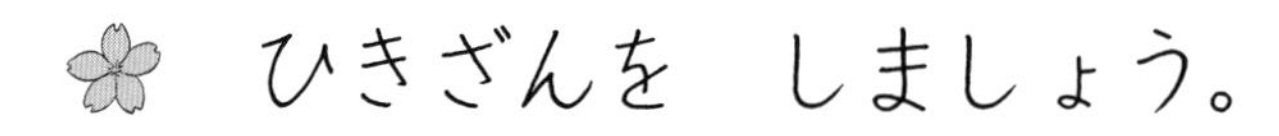

5までのひきざん (5)

なまえ

ひきざんを　しましょう。

① $5-1=$　② $4-2=$

③ $3-1=$　④ $5-3=$

⑤ $4-1=$　⑥ $2-1=$

⑦ $5-0=$　⑧ $3-0=$

⑨ $2-0=$　⑩ $1-0=$

5までのひきざん (6)

がつ　にち 

なまえ

 ひきざんを　しましょう。

① $4-4=$　② $3-3=$

③ $5-5=$　④ $2-2=$

⑤ $1-1=$　⑥ $3-2=$

⑦ $4-0=$　⑧ $5-4=$

⑨ $4-3=$　⑩ $5-2=$

がつ　　にち

5までのたしざん まとめ (1)

なまえ

けいさんを　しましょう。　（1つ5てん）

① $1+1=$　　② $2+2=$

③ $4+1=$　　④ $0+4=$

⑤ $3+0=$　　⑥ $2+3=$

⑦ $1+0=$　　⑧ $3+1=$

⑨ $5+0=$　　⑩ $2+1=$

⑪ $3+2=$　　⑫ $1+3=$

⑬ $4+0=$　　⑭ $0+2=$

⑮ $1+2=$　　⑯ $0+3=$

⑰ $2+0=$　　⑱ $0+5=$

⑲ $1+4=$　　⑳ $0+1=$

てん

5までのひきざん まとめ (2)

なまえ

🌸 けいさんを　しましょう。　（1つ5てん）

① $4-2=$　② $5-1=$

③ $3-1=$　④ $2-2=$

⑤ $1-0=$　⑥ $5-2=$

⑦ $4-1=$　⑧ $3-2=$

⑨ $5-4=$　⑩ $2-1=$

⑪ $4-3=$　⑫ $5-3=$

⑬ $3-0=$　⑭ $1-1=$

⑮ $4-4=$　⑯ $5-0=$

⑰ $4-0=$　⑱ $5-5=$

⑲ $3-3=$　⑳ $2-0=$

てん

10までのかず (1)

がつ　　にち

なまえ

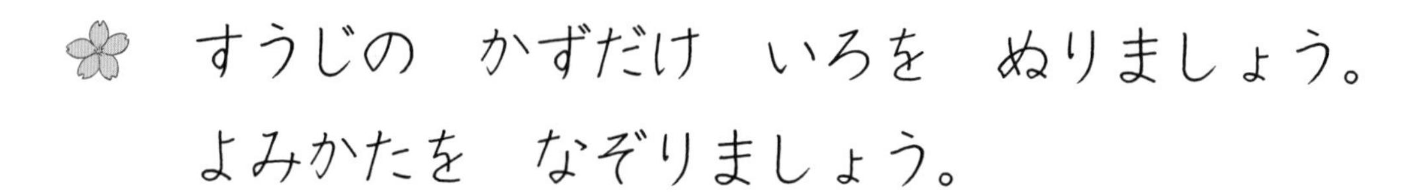

すうじの　かずだけ　いろを　ぬりましょう。
よみかたを　なぞりましょう。

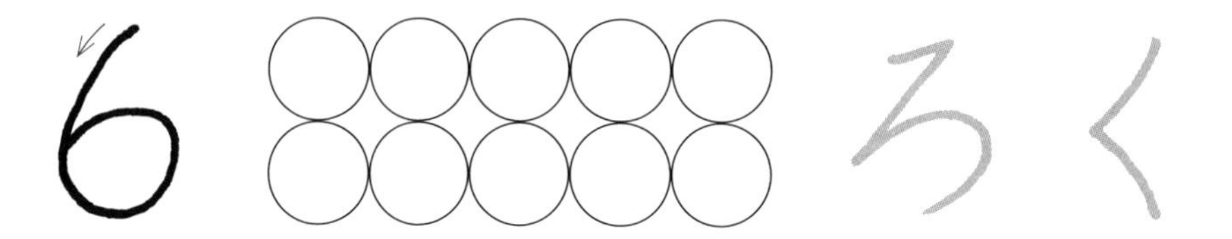

6　ろく

7　しち

8　はち

9　く

10　じゅう

がつ　にち

10までのかず (2)

なまえ

1 ていねいに　すうじの　れんしゅうを　しましょう。

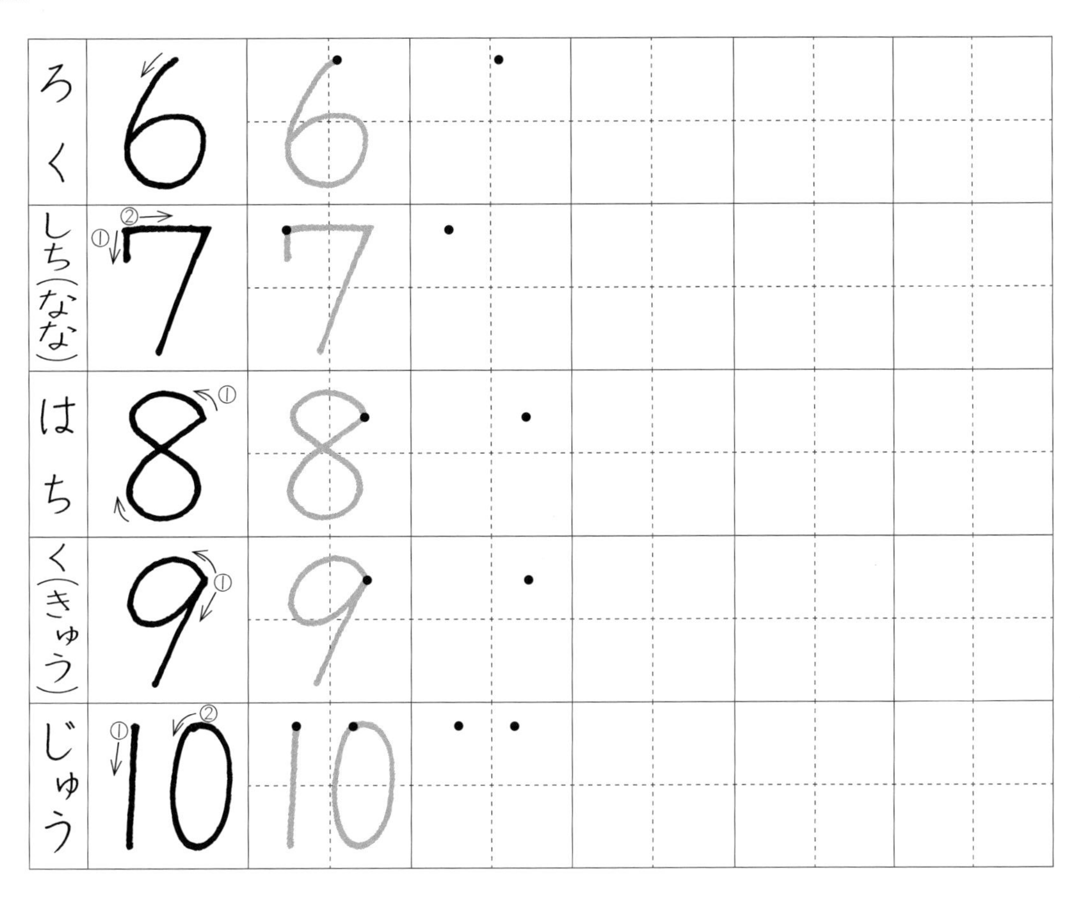

2 ○が　いくつ　ありますか。□に　かずを かきましょう。

①

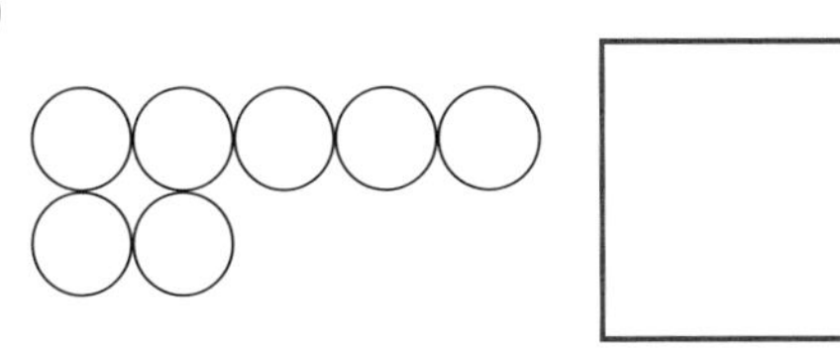

②

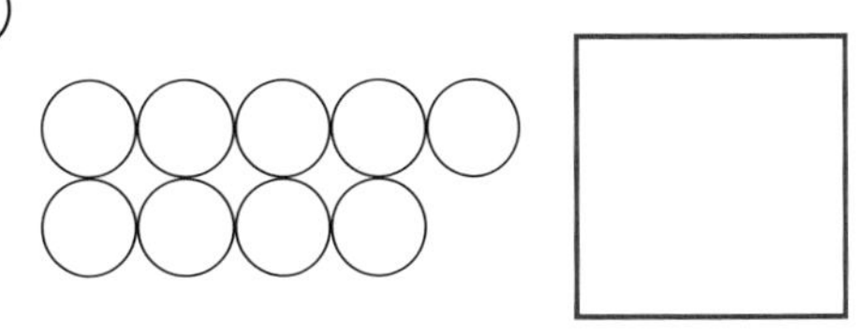

③

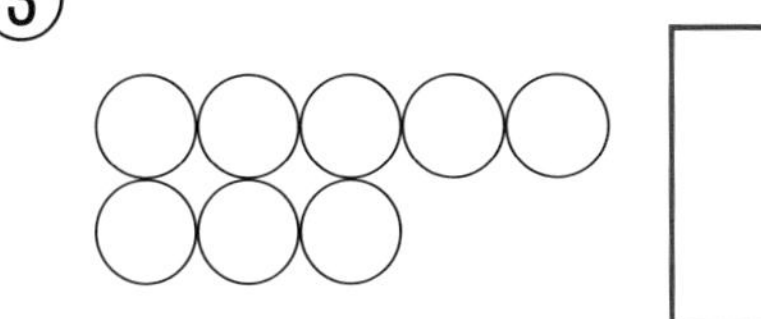

④

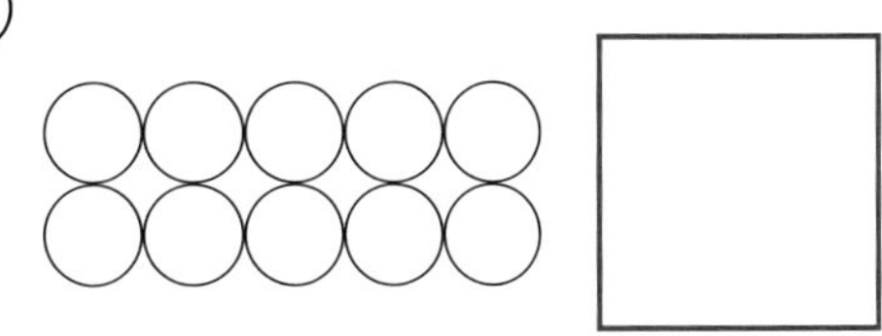

がつ　にち

6のがくしゅう

なまえ

1 6は　いくつと　いくつですか。□に　かずを　かきましょう。

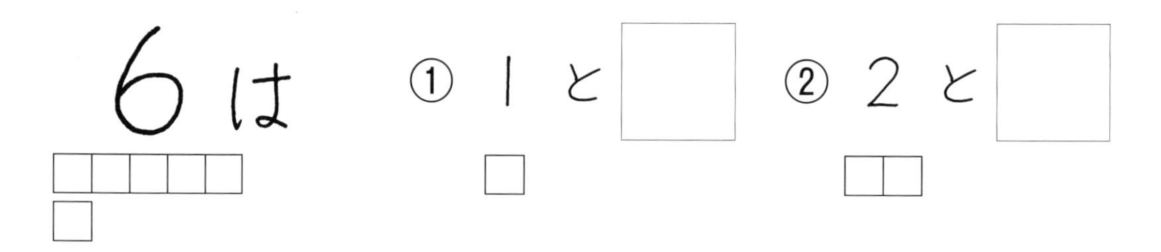

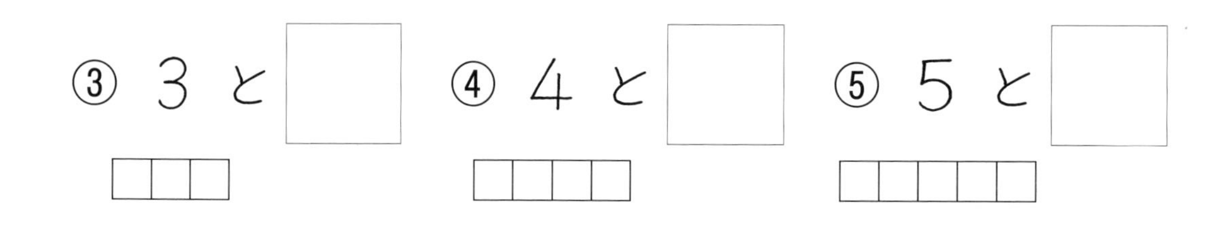

2 いくつと　いくつで　6に　なりますか。
□に　かずを　かきましょう。

③ □ と 3

② □ と 5　④ 1 と □

6

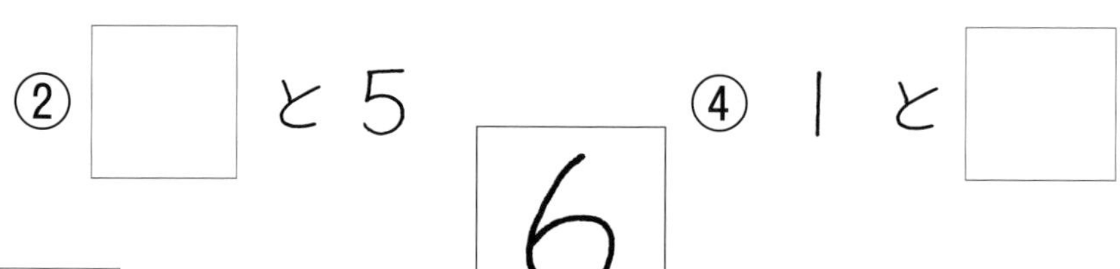

① □ と 2　⑤ 4 と □

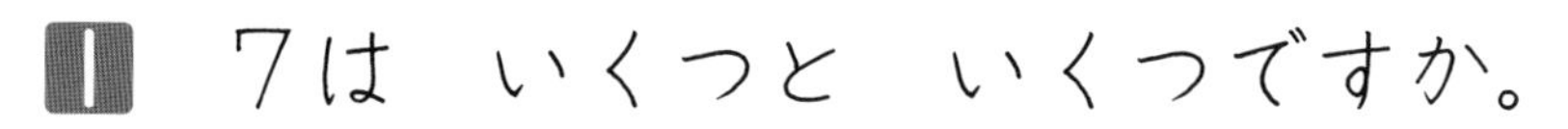

7のがくしゅう

なまえ

1 7は　いくつと　いくつですか。
□に　かずを　かきましょう。

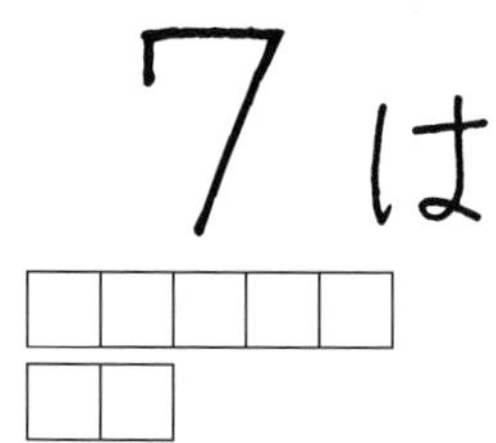

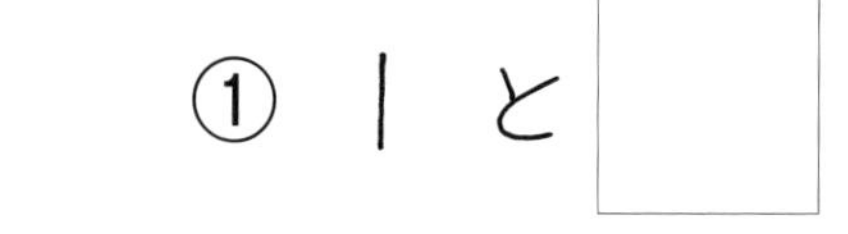

③ 3 と □　④ 4 と □　⑤ 5 と □

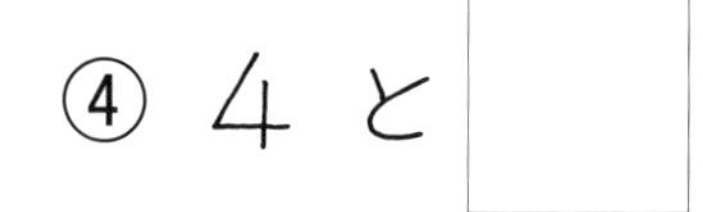

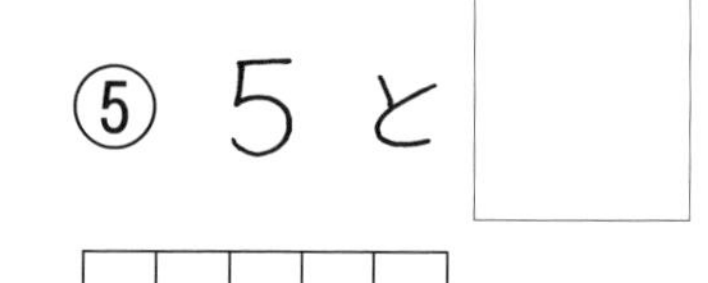

⑥ 6 と □

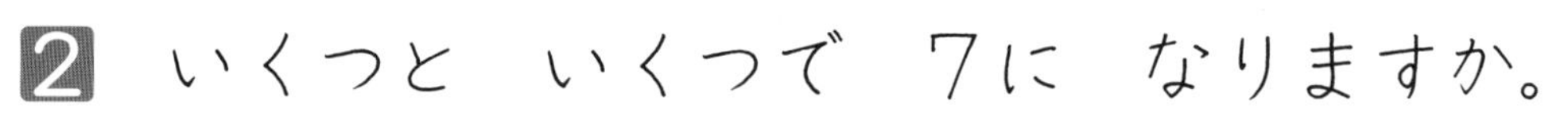

2 いくつと　いくつで　7に　なりますか。
□に　かずを　かきましょう。

④ 4 と □

② □ と 4　⑥ 3 と □

① □ と 1　⑦ 6 と □

8のがくしゅう

なまえ

1 8は　いくつと　いくつですか。

□に　かずを　かきましょう。

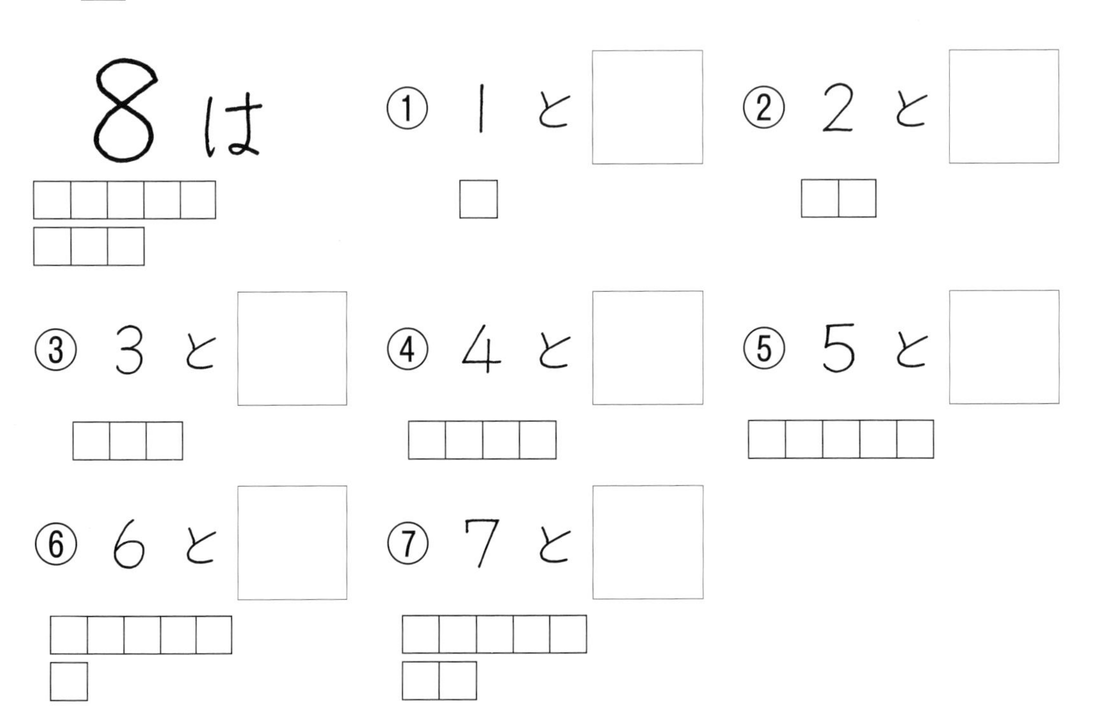

2 いくつと　いくつで　8に　なりますか。

□に　かずを　かきましょう。

8

① □と2

② □と4

③ □と5

④ □と1

⑤ 3と□

⑥ 6と□

⑦ 7と□

がつ　　にち

9のがくしゅう

なまえ

1 9は　いくつと　いくつですか。

□に　かずを　かきましょう。

9は

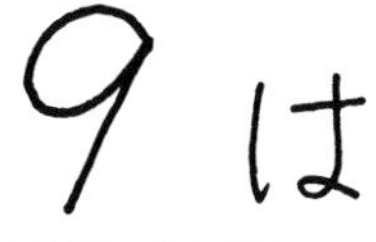

① 1と □

② 2と □

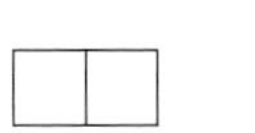

③ 3と □

④ 4と □

⑤ 5と □

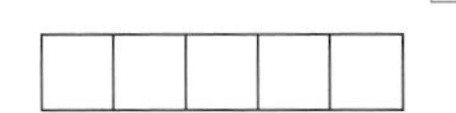

⑥ 6と □

⑦ 7と □

⑧ 8と □

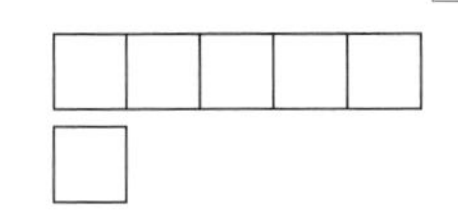

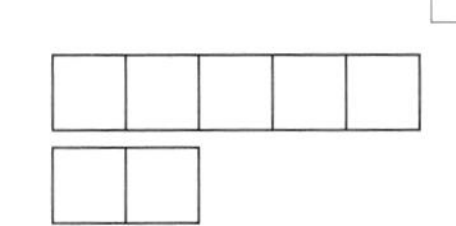

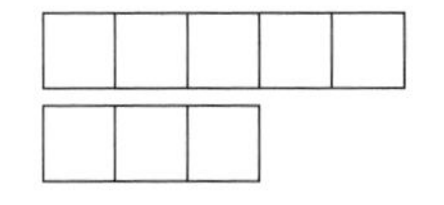

2 いくつと　いくつで　9に　なりますか。

□に　かずを　かきましょう。

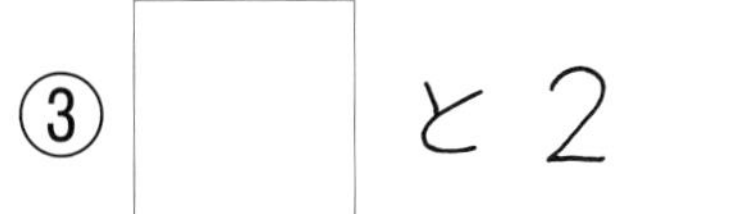

③ □と2　　④ 1と□

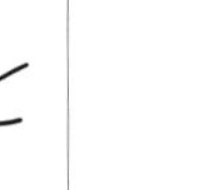

② □と5　　9　　⑤ 4と□

① □と3　　⑥ 6と□

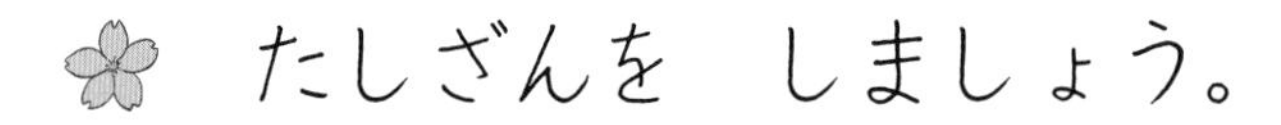

9までのたしざん (1)

がつ　にち

なまえ

たしざんを　しましょう。

① $5+1=$　② $4+3=$

③ $2+5=$　④ $7+2=$

⑤ $3+4=$　⑥ $3+6=$

⑦ $1+8=$　⑧ $7+1=$

⑨ $4+2=$　⑩ $5+3=$

⑪ $1+6=$　⑫ $5+4=$

⑬ $3+5=$

9までのたしざん (2)

なまえ

がつ　にち

たしざんを　しましょう。

① 6＋1＝

② 4＋4＝

③ 5＋2＝

④ 2＋6＝

⑤ 1＋7＝

⑥ 6＋3＝

⑦ 8＋1＝

⑧ 2＋7＝

⑨ 1＋5＝

⑩ 4＋5＝

⑪ 6＋2＝

⑫ 3＋3＝

⑬ 2＋4＝

がつ　にち

9までのひきざん (1)

なまえ

ひきざん を　しましょう。

① 9－1＝

② 8－2＝

③ 7－5＝

④ 6－3＝

⑤ 9－4＝

⑥ 8－6＝

⑦ 9－7＝

⑧ 7－1＝

⑨ 8－3＝

⑩ 9－6＝

⑪ 8－5＝

⑫ 7－4＝

⑬ 6－2＝

がつ　　にち 

9までのひきざん (2)

なまえ

ひきざんを　しましょう。

① $9-2=$　　② $7-3=$

③ $6-5=$　　④ $8-1=$

⑤ $9-3=$　　⑥ $8-7=$

⑦ $6-1=$　　⑧ $7-2=$

⑨ $9-8=$　　⑩ $8-4=$

⑪ $7-6=$　　⑫ $6-4=$

⑬ $9-5=$

10 のがくしゅう (1)

がつ　　にち

なまえ

10を　つくります。□に　かずを　かきましょう。

① 1 と 9 で 10

② □ と □ で 10

③ □ と □ で 10

④ □ と □ で 10

⑤ 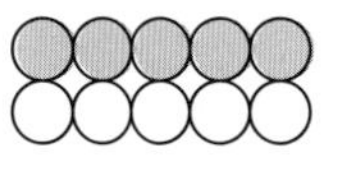

□ と  で 10

10のがくしゅう (2)

なまえ

✿ 10を　つくります。□に　かずを　かきましょう。

①

□ と □ で 10

②

□ と □ で 10

③

□ と □ で 10

④

□ と □ で 10

がつ　　にち

10 のがくしゅう (3)

なまえ

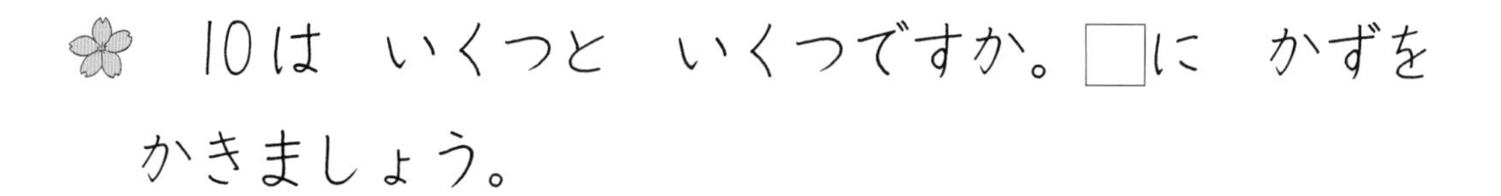

10は　いくつと　いくつですか。□に　かずを かきましょう。

① 1 と □ で 10　　② 2 と □ で 10

③ 3 と □ で 10　　④ 4 と □ で 10

⑤ 5 と □ で 10　　⑥ 6 と □ で 10

⑦ 7 と □ で 10　　⑧ 8 と □ で 10

⑨ 9 と □ で 10　　⑩ □ と 2 で 10

⑪ □ と 4 で 10　　⑫ □ と 1 で 10

⑬ □ と 6 で 10　　⑭ □ と 3 で 10

⑮ □ と 8 で 10　　⑯ □ と 5 で 10

⑰ □ と 7 で 10　　⑱ □ と 9 で 10

がつ　　にち

10のがくしゅう (4)

なまえ

けいさんを　しましょう。

① $1+9=$　② $2+8=$

③ $3+7=$　④ $4+6=$

⑤ $5+5=$　⑥ $6+4=$

⑦ $7+3=$　⑧ $8+2=$

⑨ $9+1=$　⑩ $10-1=$

⑪ $10-2=$　⑫ $10-3=$

⑬ $10-4=$　⑭ $10-5=$

⑮ $10-6=$　⑯ $10-7=$

⑰ $10-8=$　⑱ $10-9=$

10までのたしざん (1)

なまえ

けいさんを　しましょう。

① $6+1=$　　② $4+4=$

③ $2+5=$　　④ $1+7=$

⑤ $8+0=$　　⑥ $5+5=$

⑦ $3+2=$　　⑧ $7+3=$

⑨ $9+1=$　　⑩ $0+3=$

⑪ $1+2=$　　⑫ $4+1=$

⑬ $5+3=$　　⑭ $2+7=$

⑮ $1+4=$　　⑯ $2+0=$

⑰ $0+5=$　　⑱ $4+2=$

10までのたしざん (2)

なまえ

けいさんを　しましょう。

①	$2+3=$	②	$3+6=$
③	$5+2=$	④	$7+1=$
⑤	$4+6=$	⑥	$1+3=$
⑦	$2+1=$	⑧	$6+0=$
⑨	$3+5=$	⑩	$8+1=$
⑪	$0+7=$	⑫	$1+5=$
⑬	$6+4=$	⑭	$3+7=$
⑮	$2+4=$	⑯	$1+6=$
⑰	$0+9=$	⑱	$3+3=$

10までのひきざん (1)

がつ　にち　なまえ

けいさんを　しましょう。

① 8－4＝	② 7－2＝
③ 5－3＝	④ 9－8＝
⑤ 6－6＝	⑥ 4－1＝
⑦ 9－5＝	⑧ 10－7＝
⑨ 3－0＝	⑩ 10－2＝
⑪ 9－3＝	⑫ 6－4＝
⑬ 7－1＝	⑭ 5－0＝
⑮ 8－6＝	⑯ 9－2＝
⑰ 10－4＝	⑱ 7－5＝

10までのひきざん (2)

なまえ

けいさんを しましょう。

① $9-6=$ ② $7-3=$

③ $10-5=$ ④ $4-4=$

⑤ $9-0=$ ⑥ $5-1=$

⑦ $3-2=$ ⑧ $8-8=$

⑨ $7-0=$ ⑩ $10-9=$

⑪ $6-2=$ ⑫ $4-3=$

⑬ $3-2=$ ⑭ $7-5=$

⑮ $1-0=$ ⑯ $9-7=$

⑰ $8-3=$ ⑱ $6-1=$

がつ　にち

10までのたしざん まとめ (3)

なまえ

けいさんを　しましょう。　（1つ5てん）

① 4＋5＝　② 9＋1＝

③ 6＋4＝　④ 2＋6＝

⑤ 3＋7＝　⑥ 8＋2＝

⑦ 7＋2＝　⑧ 5＋5＝

⑨ 1＋7＝　⑩ 6＋3＝

⑪ 7＋3＝　⑫ 3＋5＝

⑬ 4＋6＝　⑭ 8＋1＝

⑮ 6＋3＝　⑯ 5＋4＝

⑰ 7＋1＝　⑱ 4＋4＝

⑲ 5＋3＝　⑳ 4＋3＝

てん

がつ　　にち

10までのひきざん まとめ (4)

なまえ

けいさんを　しましょう。　（1つ5てん）

①	8－2＝	②	7－4＝
③	10－2＝	④	10－6＝
⑤	9－6＝	⑥	6－4＝
⑦	10－4＝	⑧	10－3＝
⑨	10－9＝	⑩	9－4＝
⑪	7－2＝	⑫	8－5＝
⑬	6－3＝	⑭	9－1＝
⑮	10－7＝	⑯	10－8＝
⑰	8－3＝	⑱	9－5＝
⑲	7－3＝	⑳	9－2＝

てん

がつ　にち

20までのかず（1）

なまえ

1 かずを　かぞえましょう。

①

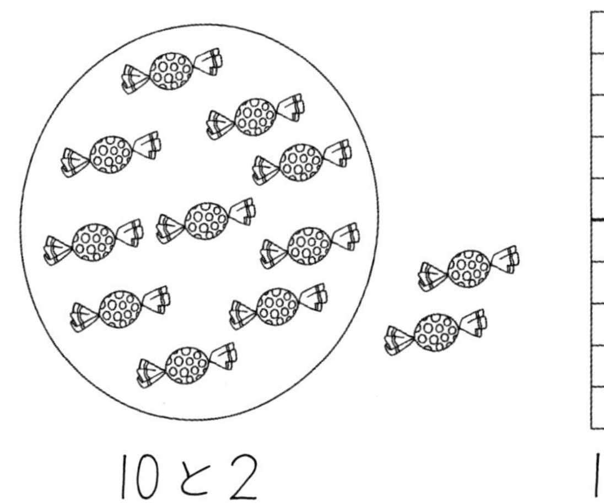

10と2　　10と2

→ 12（じゅう　に）

②

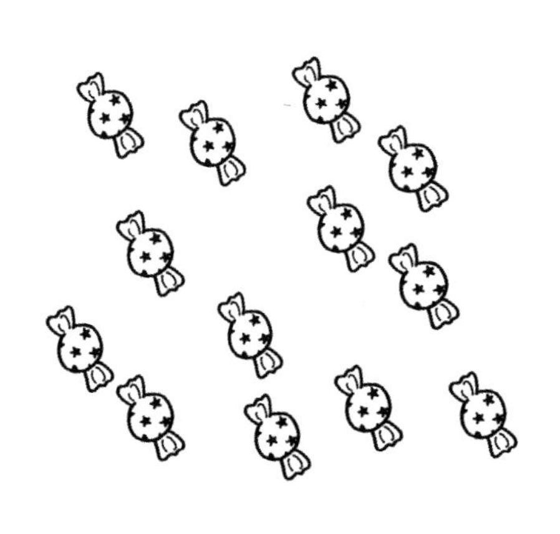

→ □

10と□

2 □に　かずを　かきましょう。

① 10と3で □　② 10と5で □

③ 10と8で 　④ 10と9で 

がつ　　にち

20までのかず (2)

なまえ

✿ タイル（たいる）を　すうじに　かえて　□の　なかに　かきましょう。

①

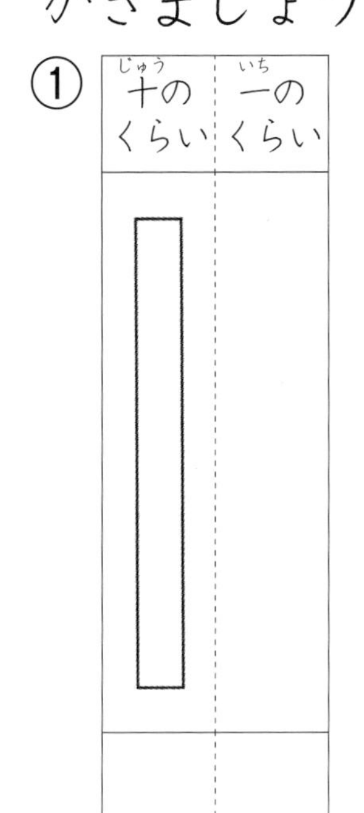

②

十のくらい	一のくらい

③

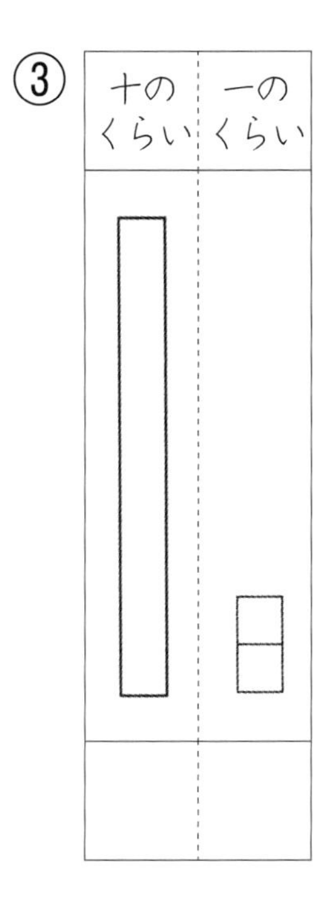

④

十のくらい	一のくらい

⑤

十のくらい	一のくらい

⑥

十のくらい	一のくらい

がつ　　にち

20 までのかず (3)

なまえ

タイルを　すうじに　かえて　□の　なかに　かきましょう。

①

十(じゅう)の くらい	一(いち)の くらい

②

十の くらい	一の くらい

③

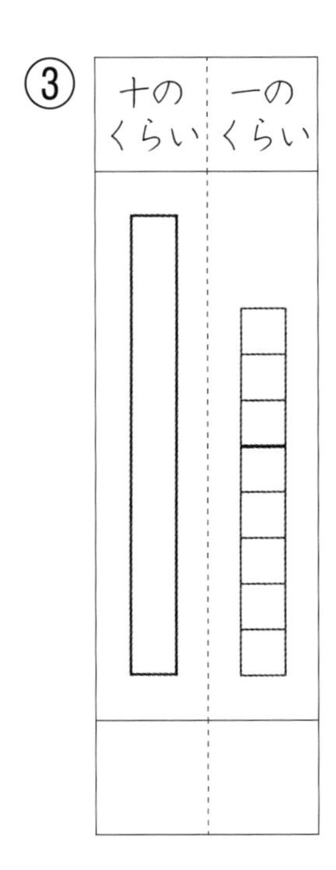

④

十の くらい	一の くらい

⑤

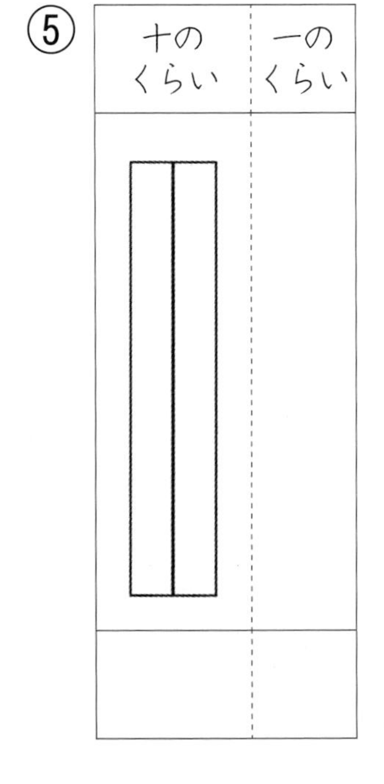

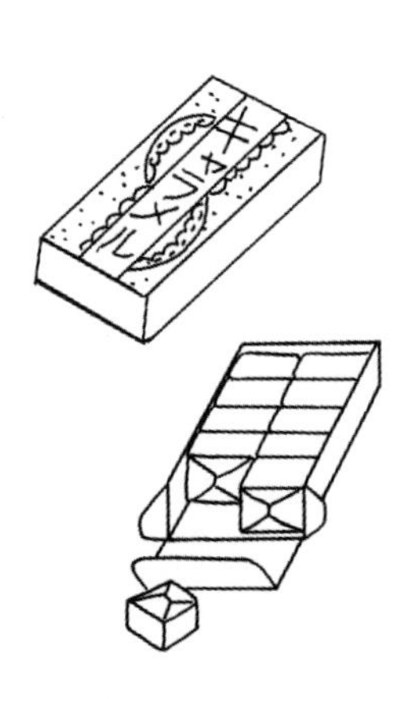

20までのかず (4)

がつ　　にち

なまえ

1 □に　かずを　かきましょう。

① 13は10と □　　② 15は10と □

③ 16は10と □　　④ 20は10と □

2 おおきい　かずの（　）に　○を　つけましょう。

① 11　と　10
（　）（　）

② 15　と　13
（　）（　）

③ 8　と　12
（　）（　）

④ 20　と　9
（　）（　）

3 □に　かずを　かきましょう。

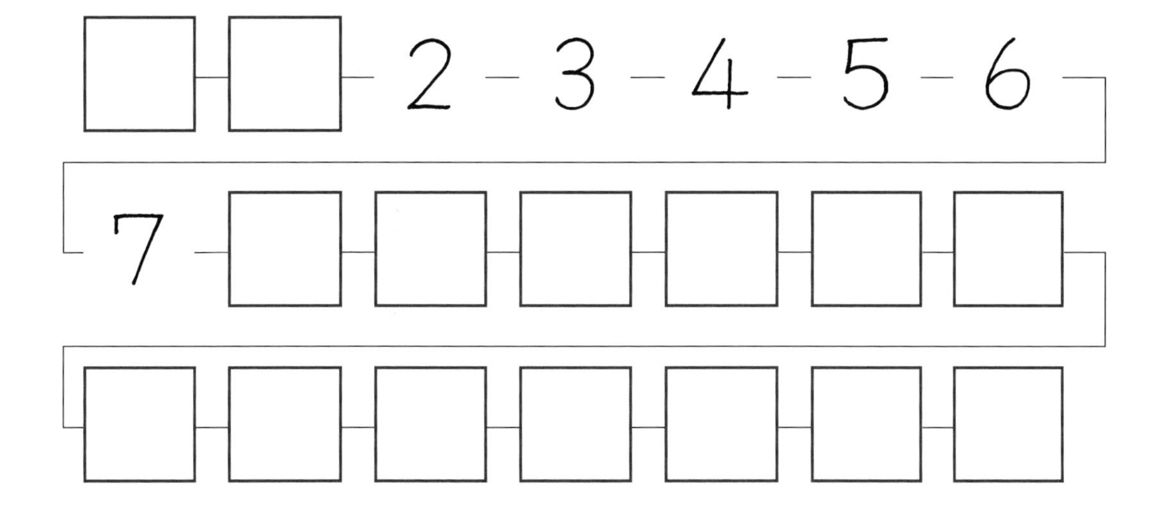

がつ　　にち 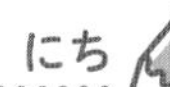

20 までのかず (5)

なまえ

 けいさんを　しましょう。

① 10＋1＝

② 10＋2＝

③ 10＋3＝

④ 11＋4＝

⑤ 11＋6＝

⑥ 11＋8＝

⑦ 12＋2＝

⑧ 12＋5＝

⑨ 14＋3＝

⑩ 16＋1＝

⑪ 17＋2＝

⑫ 13＋4＝

⑬ 15＋1＝

⑭ 13＋6＝

⑮ 11＋1＝

がつ　　にち

20までのかず (6)

なまえ

けいさんを　しましょう。

① $10+5=$

② $11+3=$

③ $13+1=$

④ $14+5=$

⑤ $15+2=$

⑥ $13+5=$

⑦ $10+8=$

⑧ $15+4=$

⑨ $10+4=$

⑩ $12+7=$

⑪ $18+1=$

⑫ $14+2=$

⑬ $12+3=$

⑭ $10+9=$

⑮ $16+2=$

がつ　にち

20までのかず (7)

なまえ

✿ けいさんを　しましょう。

① 12＋1＝　　② 13＋2＝

③ 15＋3＝　　④ 11＋2＝

⑤ 10＋7＝　　⑥ 17＋1＝

⑦ 12＋6＝　　⑧ 11＋7＝

⑨ 16＋3＝　　⑩ 14＋1＝

⑪ 12＋4＝　　⑫ 13＋3＝

⑬ 14＋4＝　　⑭ 11＋5＝

⑮ 10＋6＝

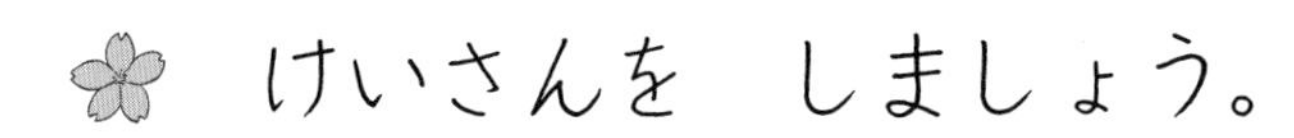

なまえ

✿ けいさんを　しましょう。

① 15－1＝　　② 16－1＝

③ 17－1＝　　④ 18－3＝

⑤ 18－4＝　　⑥ 19－5＝

⑦ 19－6＝　　⑧ 19－9＝

⑨ 18－8＝　　⑩ 17－7＝

⑪ 16－6＝　　⑫ 18－5＝

⑬ 19－3＝　　⑭ 17－2＝

⑮ 14－3＝

がつ　　にち

20までのかず (9)

なまえ

けいさんを　しましょう。

① 19－1＝

② 17－3＝

③ 15－4＝

④ 17－6＝

⑤ 14－2＝

⑥ 16－4＝

⑦ 13－3＝

⑧ 12－2＝

⑨ 19－8＝

⑩ 18－1＝

⑪ 15－3＝

⑫ 13－1＝

⑬ 19－2＝

⑭ 17－4＝

⑮ 16－2＝

がつ　にち

20までのかず ⑽

なまえ

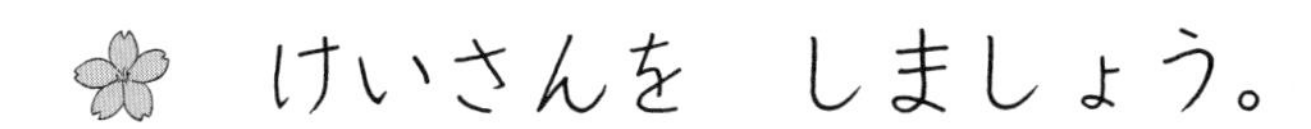

けいさんを　しましょう。

① 19－7＝

② 18－6＝

③ 17－5＝

④ 16－5＝

⑤ 14－4＝

⑥ 12－1＝

⑦ 18－7＝

⑧ 16－3＝

⑨ 15－5＝

⑩ 14－1＝

⑪ 13－2＝

⑫ 11－1＝

⑬ 15－2＝

⑭ 19－4＝

⑮ 18－2＝

がつ　にち

20までのかず（たしざん）まとめ (5)

なまえ

けいさんを　しましょう。（1つ5てん）

① 10＋3＝

② 12＋5＝

③ 14＋4＝

④ 16＋2＝

⑤ 17＋1＝

⑥ 11＋8＝

⑦ 10＋5＝

⑧ 15＋3＝

⑨ 13＋6＝

⑩ 10＋7＝

⑪ 13＋3＝

⑫ 12＋7＝

⑬ 16＋1＝

⑭ 15＋4＝

⑮ 14＋2＝

⑯ 10＋4＝

⑰ 12＋1＝

⑱ 14＋5＝

⑲ 13＋4＝

⑳ 12＋3＝

てん

20までのかず（ひきざん）まとめ ⑹

なまえ

けいさんを　しましょう。　（１つ５てん）

① $19-4=$　② $17-3=$

③ $15-4=$　④ $18-7=$

⑤ $13-3=$　⑥ $12-1=$

⑦ $16-6=$　⑧ $14-2=$

⑨ $17-7=$　⑩ $16-5=$

⑪ $18-5=$　⑫ $19-9=$

⑬ $16-2=$　⑭ $13-1=$

⑮ $19-6=$　⑯ $15-5=$

⑰ $11-1=$　⑱ $19-8=$

⑲ $18-3=$　⑳ $17-4=$

てん

くりあがるたしざん (1)

なまえ

1 9＋4の　けいさんを　しましょう。

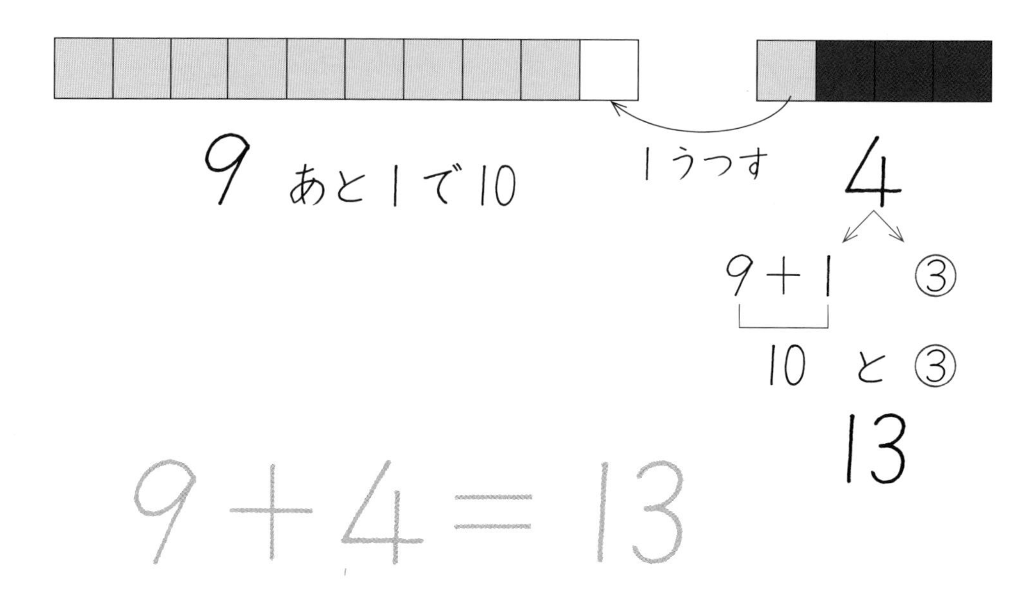

2 9＋3の　けいさんを　しましょう。

9　あと1で10

1うつす　3

9＋1　②

10　と　②

12

9＋3＝

がつ　　にち 

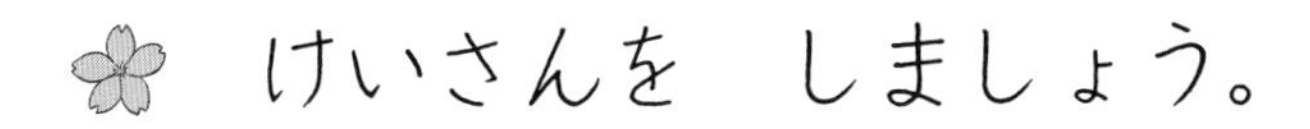

くりあがるたしざん (2)

なまえ

けいさんを　しましょう。

① 9＋2＝
10　1　1

② 9＋6＝
10　1　5

③ 9＋9＝
10　1　8

④ 9＋7＝
10　1　6

⑤ 9＋5＝
10　1　4

⑥ 9＋8＝
10　1　7

くりあがるたしざん (3)

なまえ

1 8＋5の　けいさんを　しましょう。

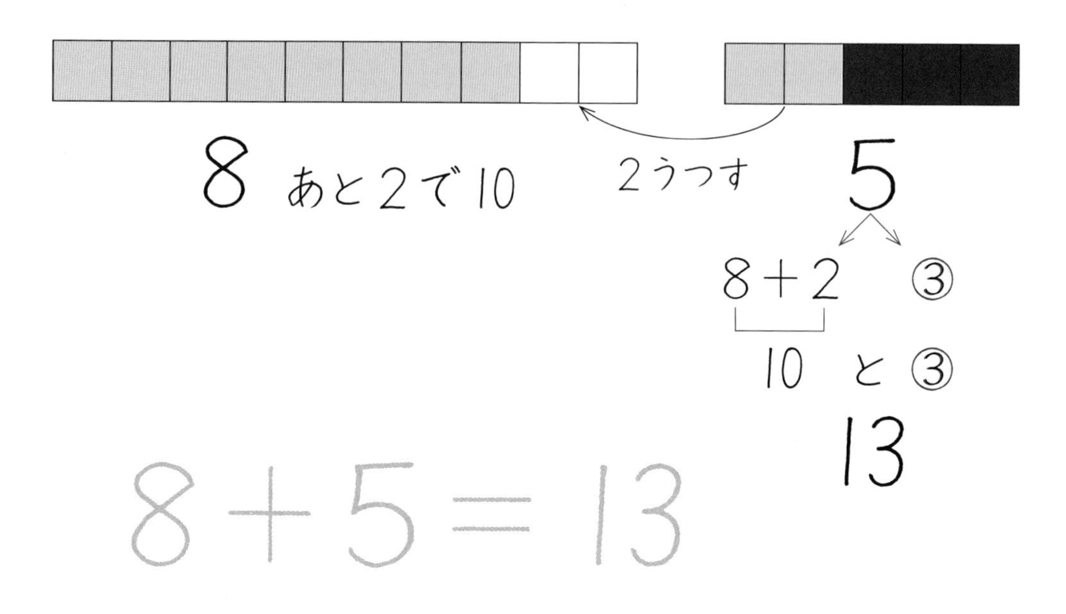

2 8＋4の　けいさんを　しましょう。

8 あと2で10

2うつす

4

8＋2　②

10　と　②

12

8＋4＝

がつ　　にち

くりあがるたしざん ⑷

なまえ

✿ けいさんを　しましょう。

① 8＋6＝

10　2　4

② 8＋3＝

10　2　1

③ 8＋7＝

10　2　5

④ 8＋9＝

10　2　7

⑤ 8＋8＝

10　2　6

くりあがるたしざん (5)

なまえ

1 7＋5の　けいさんを　しましょう。

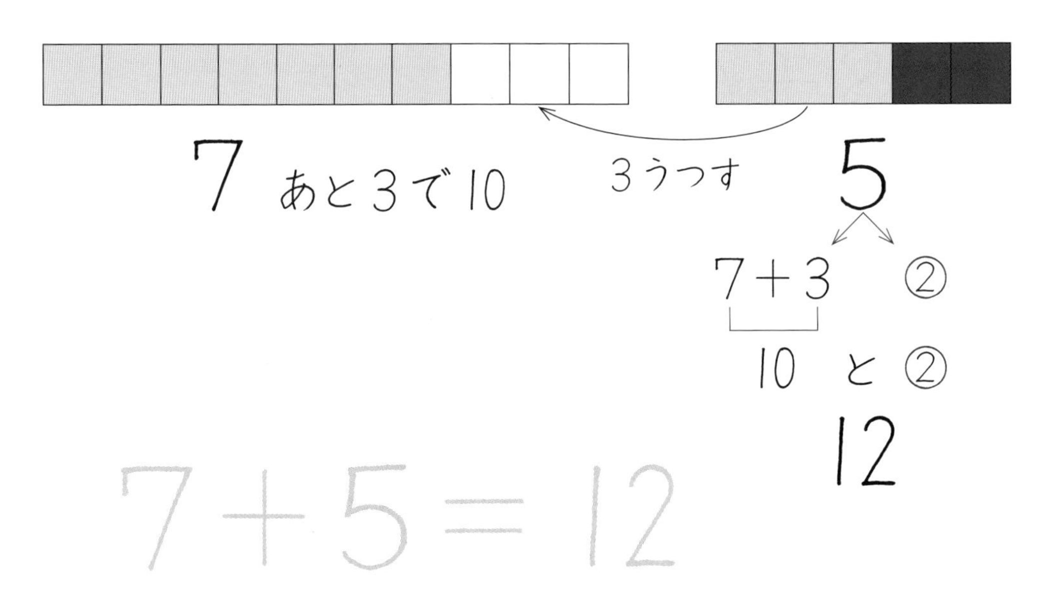

7＋5＝12

2 7＋4の　けいさんを　しましょう。

7 あと3で10

3うつす

4

7＋3　①

10　と　①

11

7＋4＝

がつ　　にち

くりあがるたしざん (6)

なまえ

1 けいさんを　しましょう。

① 7＋6＝

10　3　3

② 7＋8＝

10　3　5

③ 7＋7＝

10　3　4

④ 7＋9＝

10　3　6

2 あかい　はなが　7ほん、しろい　はなが　5ほん　あります。あわせて　なんぼんですか。

しき

こたえ

がつ　　にち

くりあがるたしざん (7)

なまえ

1 6＋5の　けいさんを　しましょう。

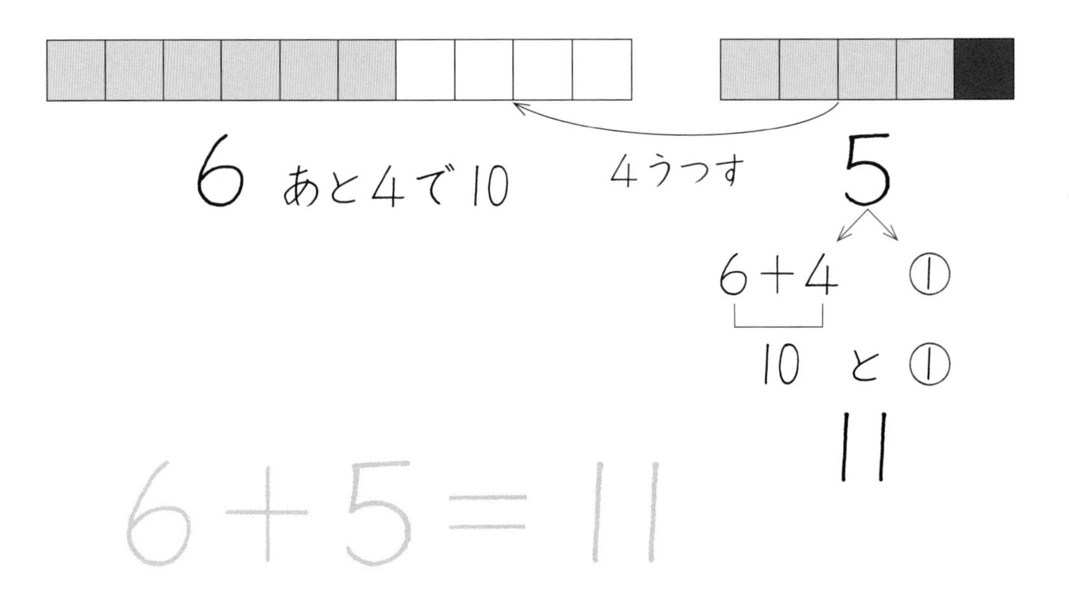

2 けいさんを　しましょう。

① 6＋7＝

10　4　3

② 6＋9＝

10　4　5

③ 6＋8＝

10　4　4

くりあがるたしざん ⑻

なまえ

✿ けいさんを　しましょう。

① 5＋7＝
10　5　2

② 5＋9＝
10　5　4

③ 5＋6＝
10　5　1

④ 5＋8＝
10　5　3

⑤ 4＋9＝
10　6　3

⑥ 4＋7＝
10　6　1

くりあがるたしざん (9)

がつ　　にち

なまえ

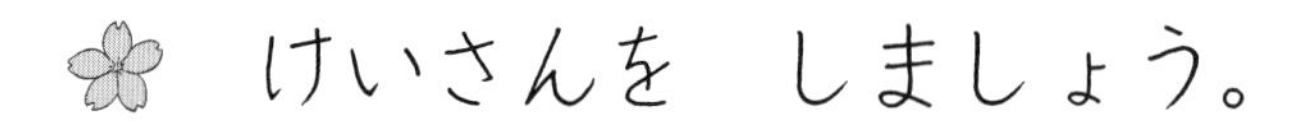

けいさんを　しましょう。

① $3+8=$

10　7　1

② $3+9=$

10　7　2

③ $2+9=$

10　8　1

④ $6+6=$

10　4　2

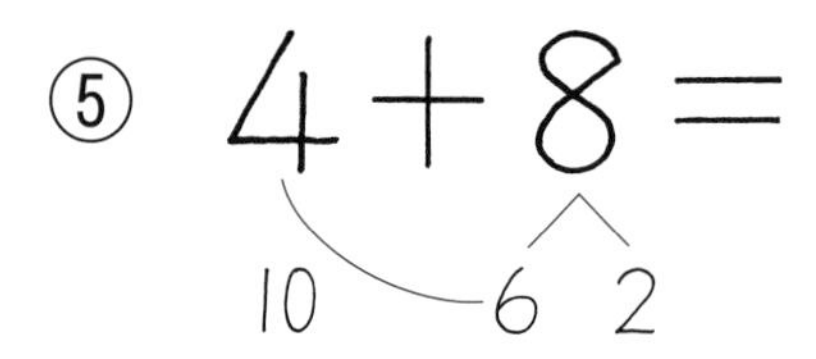

⑤ $4+8=$

10　6　2

がつ　にち

くりあがるたしざん ⑽

なまえ

✿ しきを　よんでから　けいさんを　しましょう。

① $9+2=$　　② $8+4=$

③ $6+7=$　　④ $4+8=$

⑤ $7+6=$　　⑥ $8+3=$

⑦ $5+7=$　　⑧ $3+8=$

⑨ $2+9=$　　⑩ $9+7=$

⑪ $8+6=$　　⑫ $7+9=$

くりあがるたしざん ⑾

がつ　にち

なまえ

しきを　よんでから　けいさんを　しましょう。

① $8+9=$

② $9+3=$

③ $7+5=$

④ $6+9=$

⑤ $5+6=$

⑥ $7+7=$

⑦ $4+7=$

⑧ $7+8=$

⑨ $9+9=$

⑩ $6+6=$

⑪ $5+9=$

⑫ $8+5=$

がつ　　にち

くりあがるたしざん ⑿

なまえ

しきを　よんでから　けいさんを　しましょう。

① $9+4=$　　② $8+8=$

③ $6+5=$　　④ $5+8=$

⑤ $8+7=$　　⑥ $9+5=$

⑦ $4+9=$　　⑧ $6+8=$

⑨ $9+6=$　　⑩ $3+9=$

⑪ $7+4=$　　⑫ $9+8=$

がつ　にち

くりあがるたしざん まとめ (7)

なまえ

けいさんを　しましょう。　(1つ5てん)

① $7+4=$　② $8+8=$

③ $9+2=$　④ $7+6=$

⑤ $6+7=$　⑥ $9+3=$

⑦ $8+5=$　⑧ $5+7=$

⑨ $2+9=$　⑩ $8+6=$

⑪ $9+6=$　⑫ $7+7=$

⑬ $3+8=$　⑭ $9+9=$

⑮ $8+7=$　⑯ $4+7=$

⑰ $9+4=$　⑱ $3+9=$

⑲ $7+6=$　⑳ $8+4=$

てん

くりあがるたしざん まとめ ⑻

なまえ

けいさんを　しましょう。　（1つ5てん）

① $8+3=$　② $6+5=$

③ $9+7=$　④ $5+9=$

⑤ $4+9=$　⑥ $9+8=$

⑦ $7+8=$　⑧ $6+9=$

⑨ $6+6=$　⑩ $5+6=$

⑪ $4+8=$　⑫ $8+9=$

⑬ $7+9=$　⑭ $7+5=$

⑮ $5+8=$　⑯ $6+8=$

⑰ $9+5=$　⑱ $8+4=$

⑲ $7+6=$　⑳ $9+6=$

てん

くりさがるひきざん (1)

なまえ

1 14－9の　けいさんを　しましょう。

① 4から　9は　ひけません。

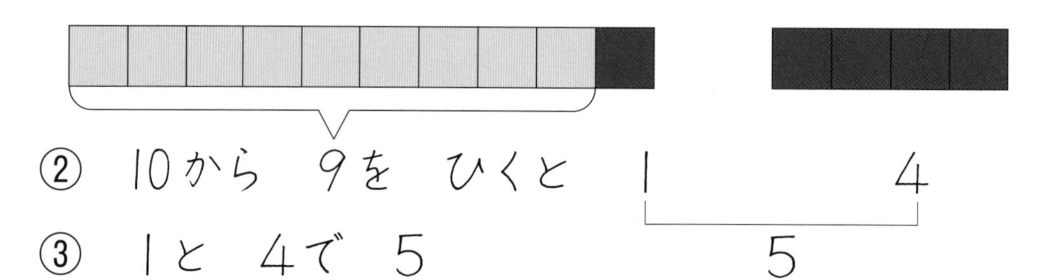

② 10から　9を　ひくと　1　4

③ 1と　4で　5　5

14－9＝5

2 12－9の　けいさんを　しましょう。

① 2から　9は　ひけません。

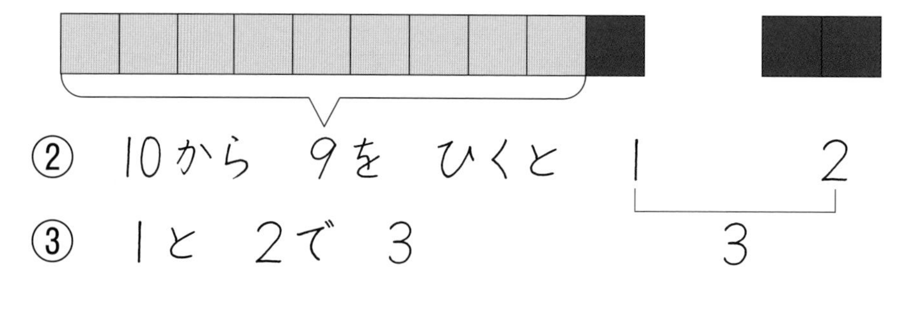

② 10から　9を　ひくと　1　2

③ 1と　2で　3　3

12－9＝

がつ　　にち 

くりさがるひきざん (2)

なまえ

 けいさんを　しましょう。

① 11 − 9 ＝

9　1

② 15 − 9 ＝

9　1

③ 17 − 9 ＝

9　1

④ 18 − 9 ＝

9　1

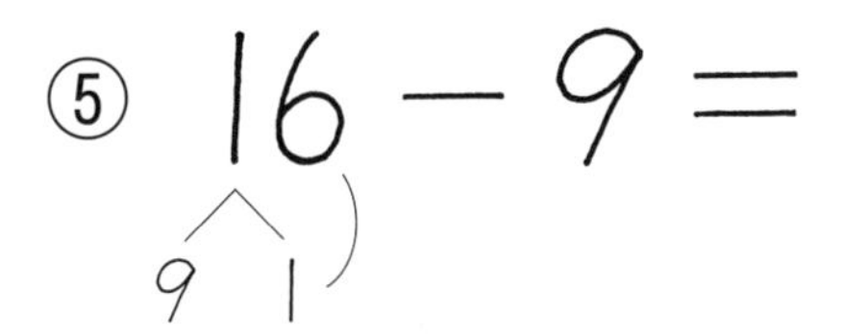

⑤ 16 − 9 ＝

9　1

⑥ 13 − 9 ＝

9　1

くりさがるひきざん (3)

なまえ

1 13－8の　けいさんを　しましょう。

① 3から　8は　ひけません。

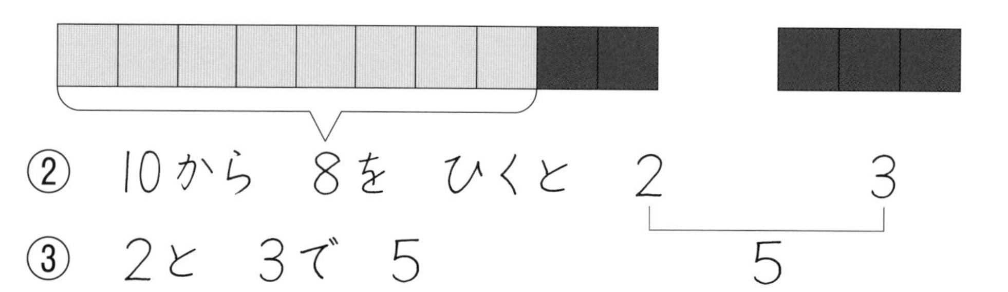

② 10から　8を　ひくと　2

③ 2と　3で　5

13－8＝5

2 15－8の　けいさんを　しましょう。

① 5から　8は　ひけません。

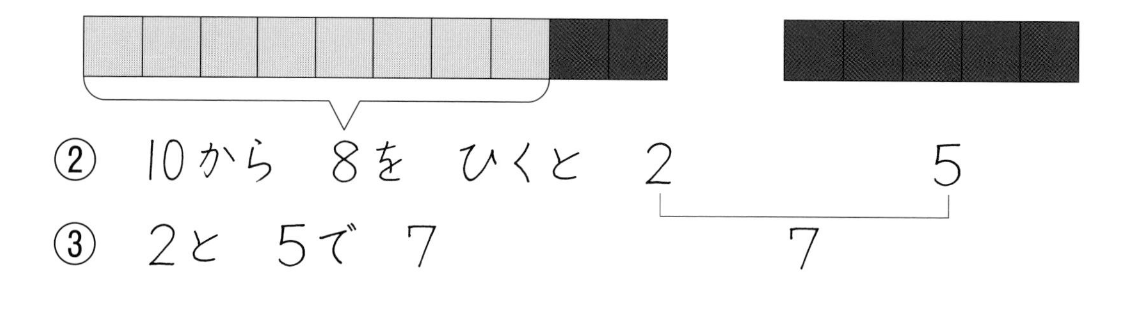

② 10から　8を　ひくと　2

③ 2と　5で　7

15－8＝

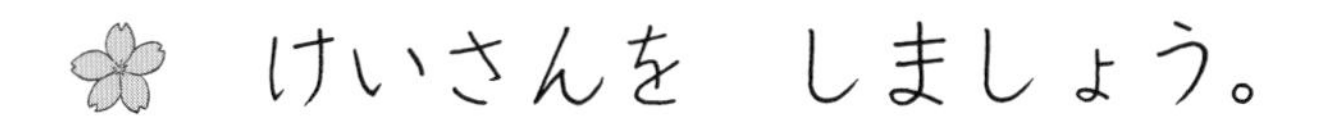

なまえ

✿ けいさんを　しましょう。

① 12－8＝

8　2

② 14－8＝

8　2

③ 17－8＝

8　2

④ 11－8＝

8　2

⑤ 16－8＝

8　2

くりさがるひきざん (5)

なまえ

1 15－7の　けいさんを　しましょう。

① 5から　7は　ひけません。

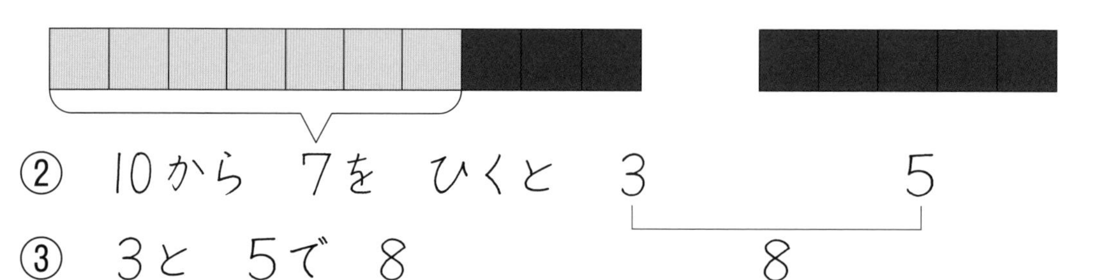

② 10から　7を　ひくと　3　　5

③ 3と　5で　8　　8

15－7＝8

2 14－7の　けいさんを　しましょう。

① 4から　7は　ひけません。

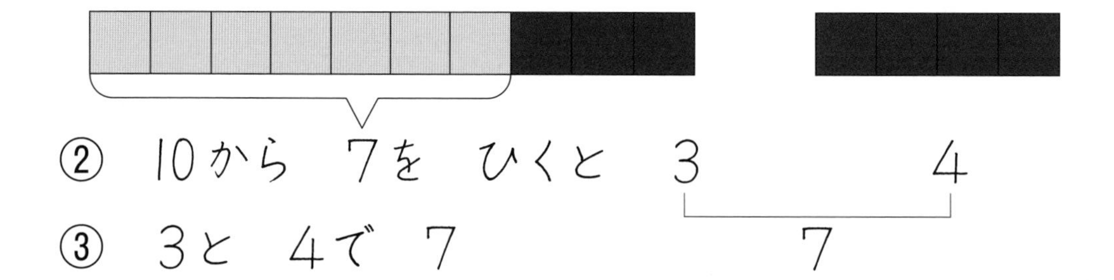

② 10から　7を　ひくと　3　　4

③ 3と　4で　7　　7

14－7＝

がつ　　にち

くりさがるひきざん (6)

なまえ

1 けいさんを　しましょう。

① $11-7=$

7　3

② $13-7=$

7　3

③ $16-7=$

7　3

④ $12-7=$

7　3

2 かだんに　はなが　15ほん　さいていました。
　7ほん　きって、きょうしつに　かざりました。
かだんに　はなは　なんぼん　のこって　いますか。

しき

こたえ

くりさがるひきざん (7)

なまえ

1 13－6の　けいさんを　しましょう。

① 3から　6は　ひけません。

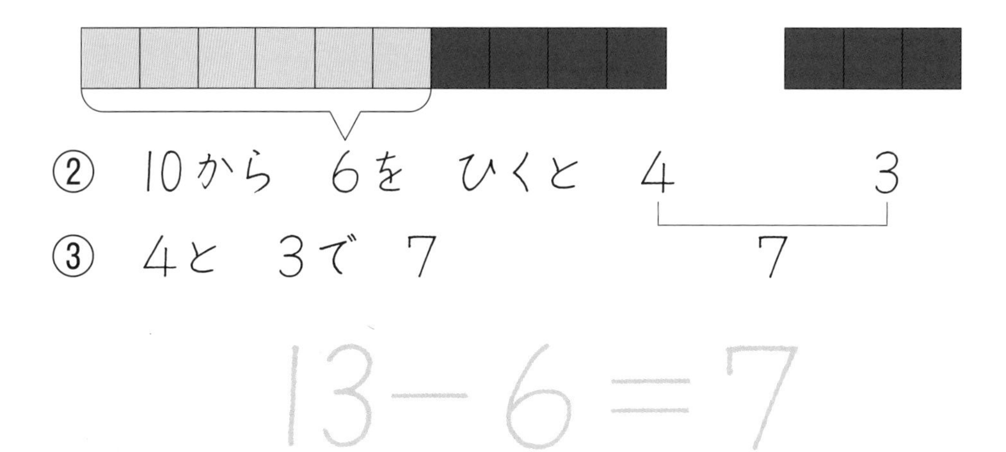

② 10から　6を　ひくと　4　3

③ 4と　3で　7　7

13－6＝7

2 けいさんを　しましょう。

① 12－6＝
6　4

② 14－6＝
6　4

③ 15－6＝
6　4

くりさがるひきざん ⑻

なまえ

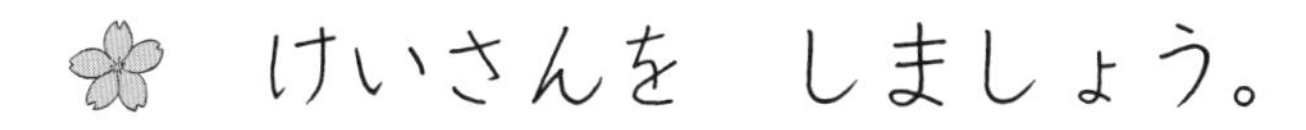

けいさんを　しましょう。

① 13 − 5 ＝

5　5

② 14 − 5 ＝

5　5

③ 12 − 5 ＝

5　5

④ 11 − 5 ＝

5　5

⑤ 11 − 4 ＝

4　6

⑥ 13 − 4 ＝

4　6

くりさがるひきざん (9)

なまえ

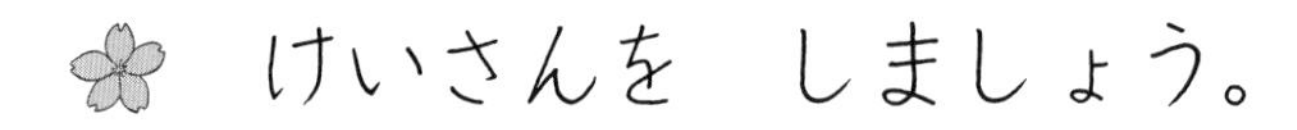

① 12 − 3 ＝

3　7

② 11 − 3 ＝

3　7

③ 11 − 2 ＝

2　8

④ 11 − 6 ＝

6　4

⑤ 13 − 8 ＝

8　2

くりさがるひきざん ⑽

がつ　にち

なまえ

しきを　よんでから　けいさんを　しましょう。

① 11－2＝

② 13－4＝

③ 16－8＝

④ 13－9＝

⑤ 12－6＝

⑥ 11－4＝

⑦ 17－9＝

⑧ 16－7＝

⑨ 14－5＝

⑩ 15－6＝

⑪ 12－8＝

⑫ 14－7＝

くりさがるひきざん ⑾

なまえ　　　がつ　　にち

🌸 しきを　よんでから　けいさんを　しましょう。

① $11-5=$

② $14-9=$

③ $13-7=$

④ $15-8=$

⑤ $14-6=$

⑥ $12-3=$

⑦ $11-7=$

⑧ $13-6=$

⑨ $15-9=$

⑩ $13-8=$

⑪ $12-5=$

⑫ $11-9=$

くりさがるひきざん ⑿

なまえ

がつ　にち

しきを　よんでから　けいさんを　しましょう。

① 12－9＝

② 13－5＝

③ 15－7＝

④ 14－8＝

⑤ 11－6＝

⑥ 16－9＝

⑦ 17－8＝

⑧ 12－4＝

⑨ 11－3＝

⑩ 18－9＝

⑪ 11－8＝

⑫ 12－7＝

がつ　　にち

くりさがるひきざん まとめ ⑼

なまえ

けいさんを　しましょう。　（1つ5てん）

① 16－7＝

② 17－9＝

③ 13－7＝

④ 14－8＝

⑤ 18－9＝

⑥ 11－7＝

⑦ 11－3＝

⑧ 15－9＝

⑨ 15－8＝

⑩ 11－6＝

⑪ 13－5＝

⑫ 15－7＝

⑬ 12－8＝

⑭ 13－9＝

⑮ 11－5＝

⑯ 12－6＝

⑰ 14－9＝

⑱ 13－8＝

⑲ 12－5＝

⑳ 16－8＝

てん

くりさがるひきざん まとめ ⑽

なまえ

けいさんを　しましょう。 （1つ5てん）

① $12-4=$　② $11-8=$

③ $15-6=$　④ $16-7=$

⑤ $13-4=$　⑥ $12-9=$

⑦ $12-7=$　⑧ $14-7=$

⑨ $17-8=$　⑩ $11-9=$

⑪ $11-4=$　⑫ $14-5=$

⑬ $16-9=$　⑭ $11-2=$

⑮ $12-3=$　⑯ $14-6=$

⑰ $13-6=$　⑱ $12-5=$

⑲ $11-3=$　⑳ $14-6=$

てん

くりあがり、くりさがり まとめ ⑾

なまえ

けいさんを　しましょう。　（1つ5てん）

① $9+4=$

② $13-4=$

③ $7+5=$

④ $8+2=$

⑤ $10-6=$

⑥ $8+6=$

⑦ $14-7=$

⑧ $5+7=$

⑨ $12-5=$

⑩ $2+9=$

⑪ $15-8=$

⑫ $6+8=$

⑬ $11-3=$

⑭ $9+8=$

⑮ $16-9=$

⑯ $4+9=$

⑰ $13-6=$

⑱ $3+8=$

⑲ $11-7=$

⑳ $12-9=$

てん

くりあがり、くりさがり まとめ ⑿

なまえ

けいさんを　しましょう。　（1つ5てん）

① $11-5=$　② $13-7=$

③ $9+5=$　④ $7+3=$

⑤ $12-4=$　⑥ $8+9=$

⑦ $15-6=$　⑧ $11-9=$

⑨ $7+8=$　⑩ $5+9=$

⑪ $12-8=$　⑫ $14-5=$

⑬ $9+7=$　⑭ $10-7=$

⑮ $8+3=$　⑯ $18-9=$

⑰ $6+9=$　⑱ $13-9=$

⑲ $4+7=$　⑳ $6+6=$

てん

たすのかな、ひくのかな (1)

なまえ

1 あかい　いろがみが　12まい　あります。
あおい　いろがみが　6まい　あります。
ちがいは　なんまいですか。

しき

こたえ

2 あかい　いろがみが　12まい　あります。
あおい　いろがみが　6まい　あります。
ぜんぶで　なんまいですか。

しき

こたえ

がつ　　にち

たすのかな、ひくのかな (2)

なまえ

1 こうえんに　13にん　いました。そのうち　5にんが　おとなです。こどもは　なんにんですか。

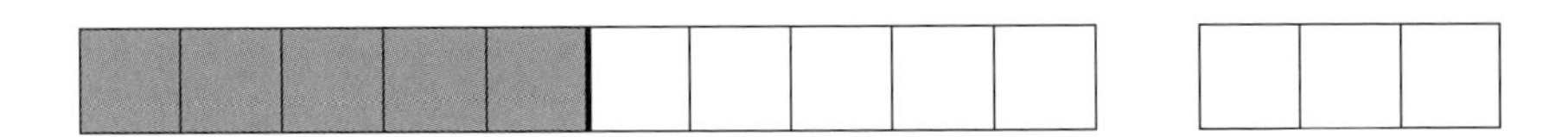

しき

こたえ ＿＿＿＿＿＿＿＿

2 こうえんで　13にん　あそんでいました。
5にん　あそびに　きました。
ぜんぶで　なんにんに　なりましたか。

しき

こたえ ＿＿＿＿＿＿＿＿

がつ　　にち

たすのかな、ひくのかな ⑶

なまえ

1 いろがみが　8まい　あります。こどもが　15にん　きました。あと　なんまい　あったら、みんなに　1まいずつ　あげられますか。

しき

こたえ

2 あめを　3こ　たべました。のこりは　9こ　あります。あめは、はじめに　なんこ　ありましたか。

しき

こたえ

3 おかあさんが　いちごを　くれたので　おとうとと　いっしょに　ぜんぶ　たべました。おとうとは　5こ　たべ、ぼくも　5こ　たべました。

おかあさんは、いちごを　なんこ　くれましたか。

しき

こたえ

がつ　　にち

たすのかな、ひくのかな (4)

なまえ

1 ジェットコースターに　のりました。たかしさんは　まえから　4ばんめに　います。たかしさんの　うしろに　5にん　います。ぜんぶで　なんにん　いますか。

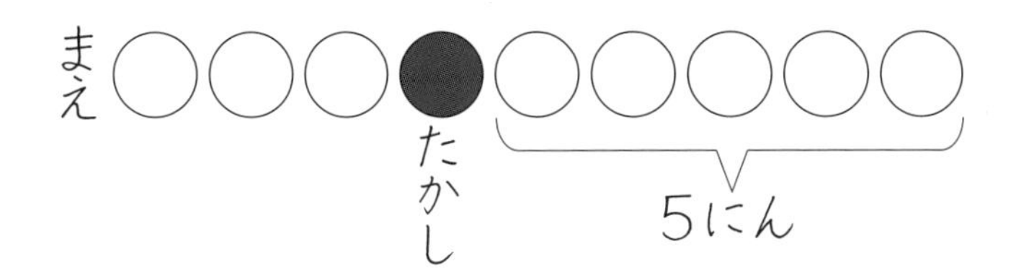

しき

こたえ ＿＿＿＿＿＿

2 ジェットコースターに　14にん　のっています。まさこさんは、まえから　6ばんめです。まさこさんの　うしろに　なんにん　いますか。

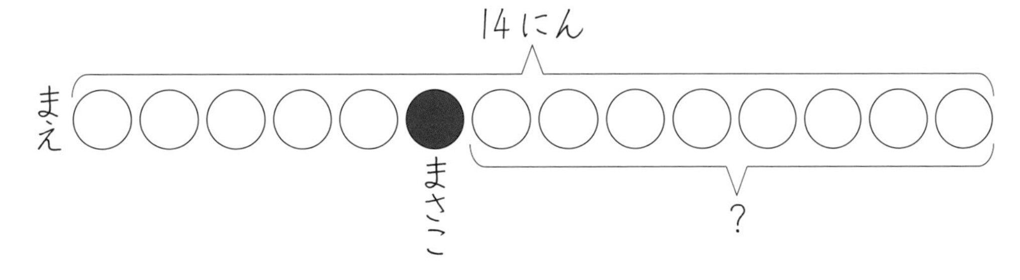

しき

こたえ ＿＿＿＿＿＿

がつ　にち

たすのかな、ひくのかな まとめ ⒀

なまえ

1 わたしは、おねえさんより　5さい　としした
で、いま　7さいです。おねえさんは
なんさいですか。　（しき 30 てん、こたえ 20 てん）

しき

こたえ

2 がっきゅうえんに　はなが　さいて　いました。
5ほん　きったら、のこりは　12ほんでした。
はじめに　はなは　なんぼん　さいて
いましたか。　（しき 30 てん、こたえ 20 てん）

しき

こたえ

てん

たすのかな、ひくのかな まとめ ⒁

なまえ

がつ　　にち

1 バスていで　ならんで　バスを　まっています。

あゆむさんの　まえに　3にん　います。うしろに　5にん　います。ならんでいる　ひとは　みんなで　なんにんですか。　（しき 30 てん、こたえ 20 てん）

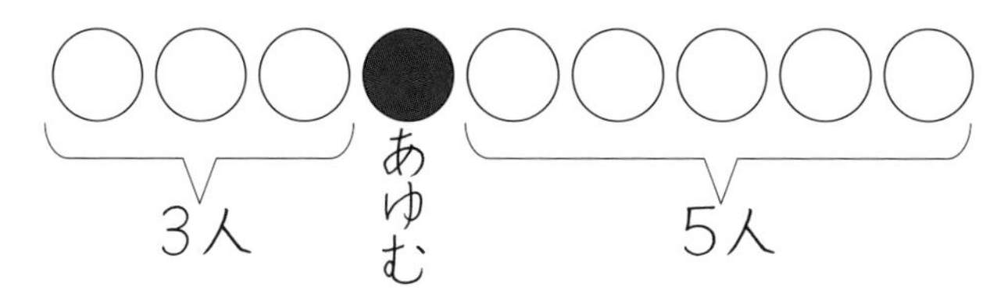

しき

こたえ

2 うんどうかいの　にゅうじょうのとき　ならびました。たかしさんの　まえに　5にん　います。うしろには　4にん　います。なんにん　ならんでいますか。　（しき 30 てん、こたえ 20 てん）

しき

こたえ

てん

がつ　　にち

3つのけいさん (1)

なまえ

こどもが　こうえんで　3にん　あそんで　いました。ふたり　きました。また　4にん　きました。
みんなで　なんにん　いますか。

①　3にん　ふたり

□□□ ← □□

3　＋　2　＝　5

②　5にん　4にん

□□□□□ ← □□□□

5　＋　4　＝　9

③　1つの　しきに　しましょう。

3 ＋ 2 ＋ 4 ＝

5

9

こたえ

がつ　　にち

3つのけいさん ⑵

なまえ

　けいさんを　しましょう。

① $2+1+4=$
（2+1 → 3）

② $3+2+3=$
（3+2 → 5）

③ $4+2+2=$

④ $5+1+3=$

⑤ $6+1+1=$

⑥ $1+3+4=$

⑦ $2+4+2=$

⑧ $3+5+1=$

⑨ $4+1+4=$

⑩ $6+3+7=$

⑪ $8+2+3=$

⑫ $4+8+5=$

がつ　　にち

3つのけいさん (3)

なまえ

こどもが　こうえんで　9にん　あそんで　いました。ふたり　かえりました。また　3にん　かえりました。あそんで　いるのは　なんにんに　なりましたか。

①

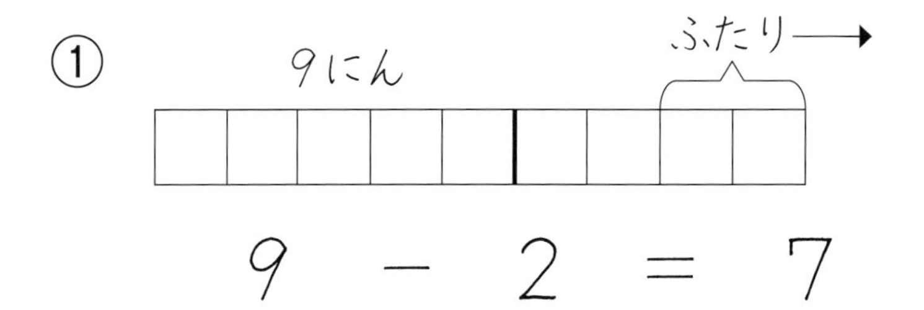

9 － 2 ＝ 7

②

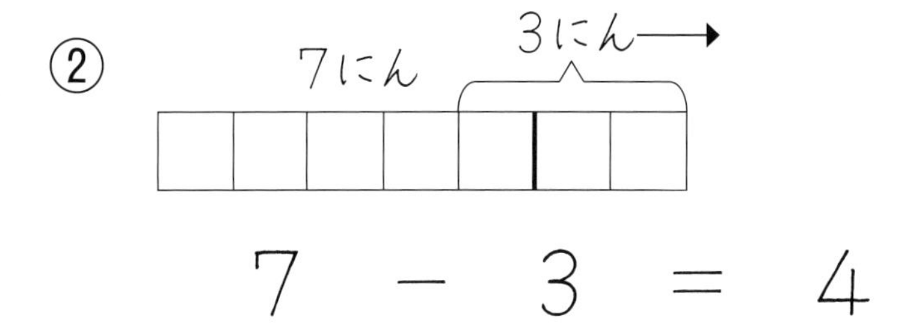

7 － 3 ＝ 4

③　1つの　しきに　しましょう。

9 － 2 － 3 ＝

7

4

こたえ

がつ　にち

3つのけいさん (4)

なまえ

けいさんを　しましょう。

① 8－3－1＝

(8－3 → 5)

② 7－1－4＝

(7－1 → 6)

③ 6－1－2＝

④ 5－2－2＝

⑤ 4－2－1＝

⑥ 9－4－2＝

⑦ 8－2－5＝

⑧ 7－3－1＝

⑨ 9－5－3＝

⑩ 10－4－3＝

⑪ 12－2－5＝

⑫ 18－8－2＝

がつ　　にち

3つのけいさん (5)

なまえ

こどもが　こうえんで　4にん　あそんで
いました。そこへ　5にん　きました。しばらく
して　3にん　かえりました。あそんで　いるのは
なんにんに　なりましたか。

①

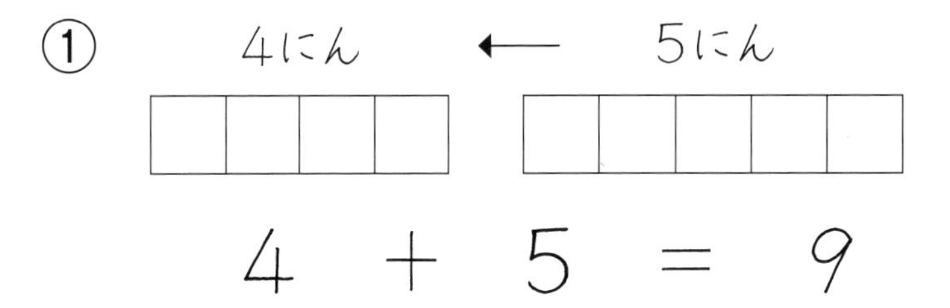

4 ＋ 5 ＝ 9

②

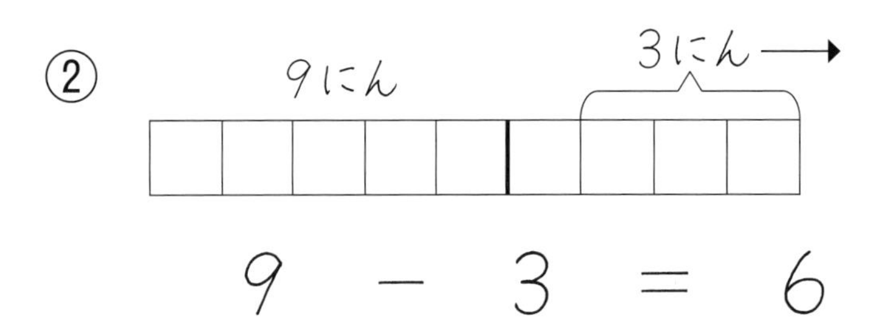

9 － 3 ＝ 6

③　1つの　しきに　しましょう。

4 ＋ 5 － 3 ＝

9

6

こたえ

がつ　　にち

3つのけいさん (6)

なまえ

　けいさんを　しましょう。

① $1+8-3=$ (9)

② $2+7-4=$ (9)

③ $7-2+1=$

④ $9-5+4=$

⑤ $3+6-7=$

⑥ $5-2+1=$

⑦ $4+5-7=$

⑧ $5+3-4=$

⑨ $4-3+2=$

⑩ $9-8+5=$

⑪ $8+1-7=$

⑫ $7-5+6=$

がつ　にち

3つのけいさん まとめ ⒂

なまえ

 けいさんを　しましょう。（1つ5てん）

① $2+4+7=$　② $1+7-2=$

③ $4+3+5=$　④ $2+4-5=$

⑤ $9-5-1=$　⑥ $5+6+2=$

⑦ $8-4-3=$　⑧ $3+4-5=$

⑨ $7+4+5=$　⑩ $8+6+3=$

⑪ $3+7-4=$　⑫ $6-2+3=$

⑬ $8+7+2=$　⑭ $7-4+5=$

⑮ $4+8-6=$　⑯ $9+3+5=$

⑰ $11-1+6=$　⑱ $7-3-3=$

⑲ $17-7+5=$　⑳ $10-4-5=$

てん

がつ　にち

3つのけいさん まとめ ⒃

なまえ

けいさんを　しましょう。　（1つ5てん）

① $9+4+3=$

② $7+3-4=$

③ $7-5+2=$

④ $5+6-4=$

⑤ $8+3+6=$

⑥ $6-2-3=$

⑦ $10-2-5=$

⑧ $6+7+2=$

⑨ $6+5-8=$

⑩ $5-1+3=$

⑪ $4-1+2=$

⑫ $3+8+7=$

⑬ $8+4-7=$

⑭ $10-7-2=$

⑮ $2+8+9=$

⑯ $13-3-2=$

⑰ $9+4-8=$

⑱ $12-2+7=$

⑲ $17-7-8=$

⑳ $15-5+4=$

てん

がつ　　にち

なまえ

ながさくらべ (1)

1 ながい　ほうに　○を　つけましょう。

① えんぴつ

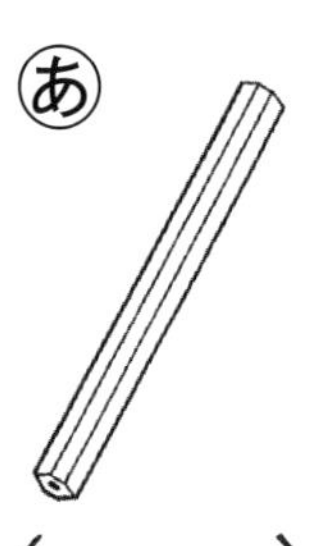
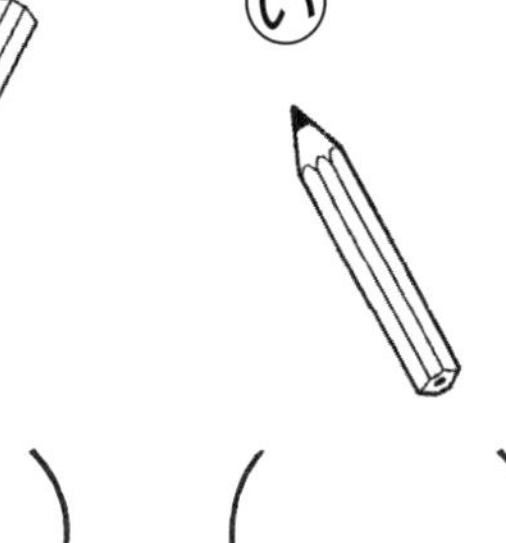

あ（　　）　い（　　）

② そうじどうぐ

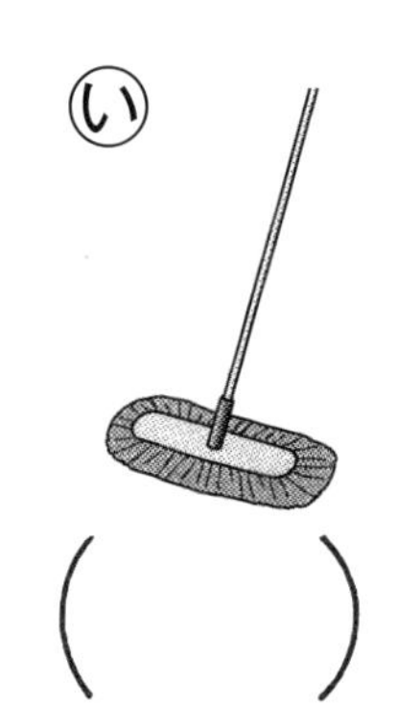

あ（　　）　い（　　）

2 ながい　ほうに　○を　つけましょう。

① えんぴつ

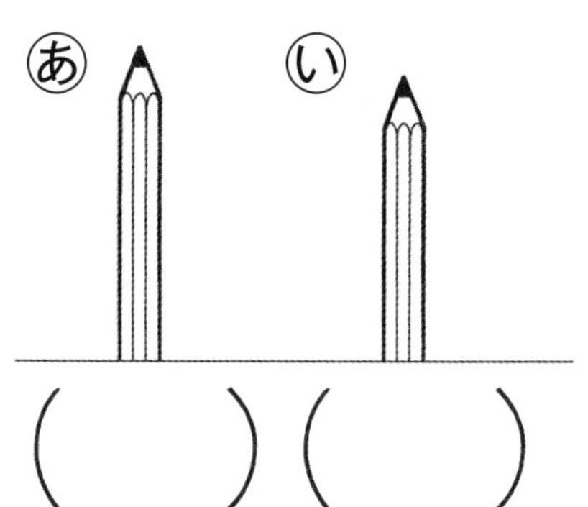

あ（　　）　い（　　）

② テープ

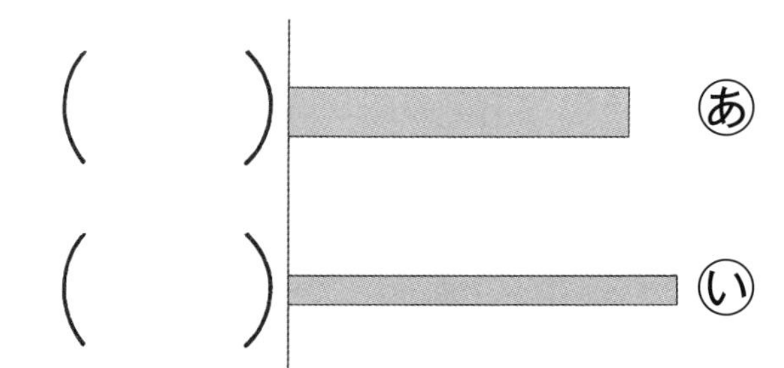

（　　）あ
（　　）い

③ テープ

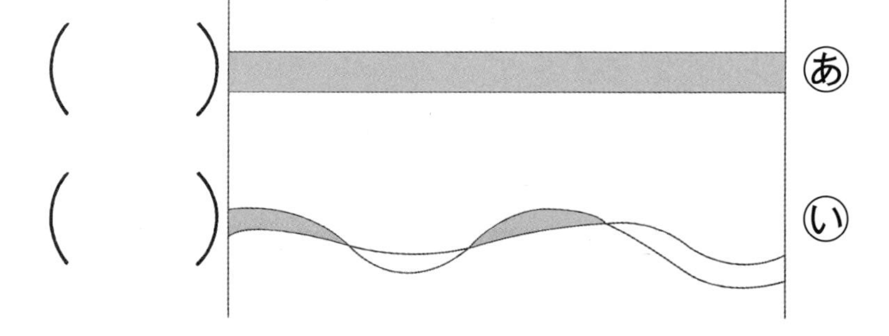

（　　）あ
（　　）い

ながさくらべ (2)

がつ　　にち

なまえ

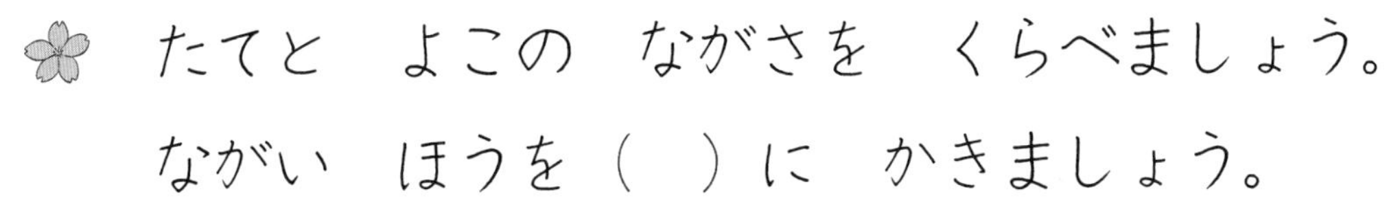

✿ たてと　よこの　ながさを　くらべましょう。

ながい　ほうを（　）に　かきましょう。

① チラシ

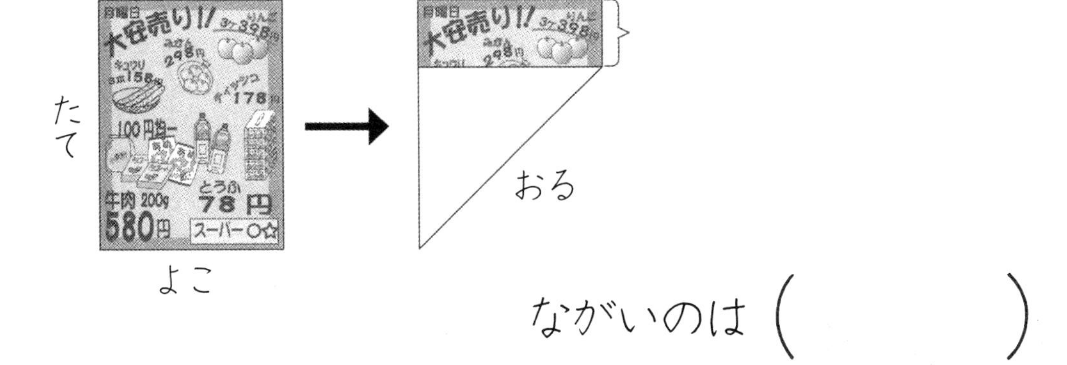

ながいのは（　　　　）

② ノート

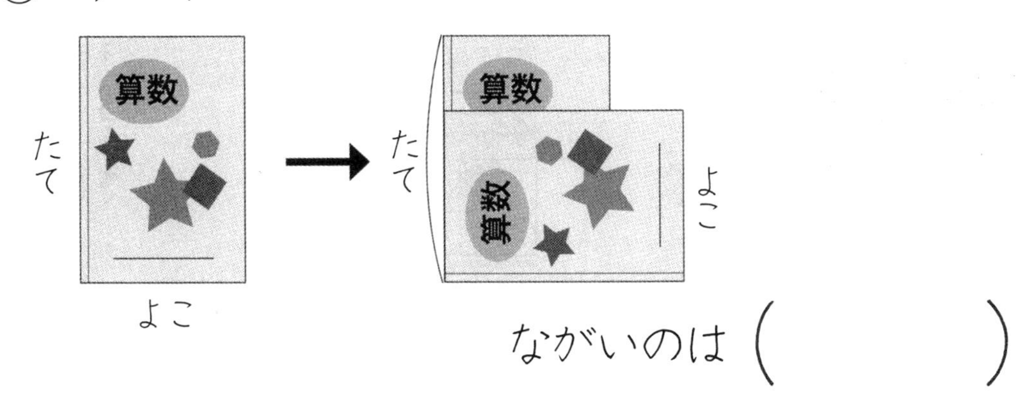

ながいのは（　　　　）

③ えほん

たて　よこ

むしのほん　むしのほん

ながいのは（　　　　）

ながさくらべ (3)

がつ　　にち

なまえ

1　どちらが　ながいですか。

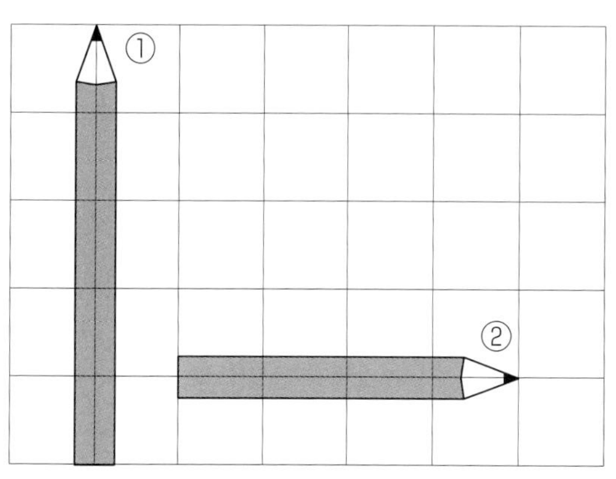

こたえ

2　どれが　いちばん　ながいですか。

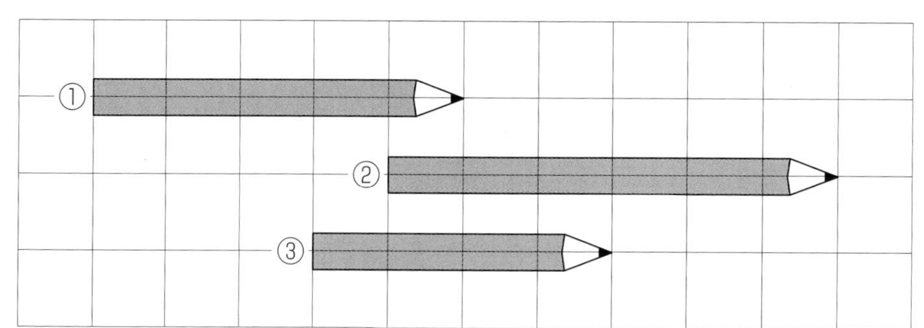

こたえ

3　ながい　じゅんに　ばんごうを　かきましょう。

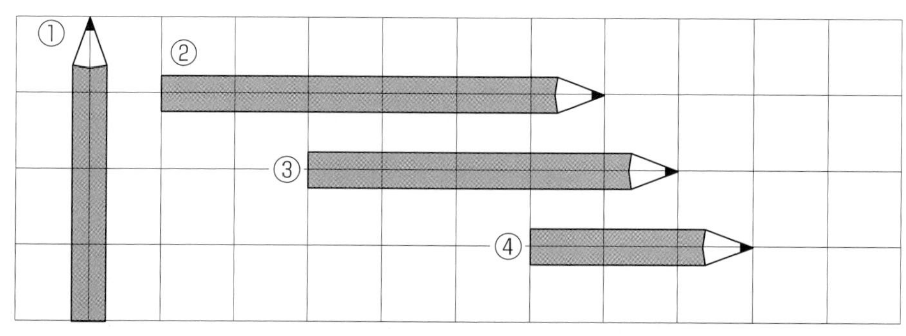

こたえ（　　）→（　　）→（　　）→（　　）

がつ　にち

ながさくらべ (4)

なまえ

1 せんせいの　つくえを　そとへ　だします。
そのまま　そとへ　だせますか。

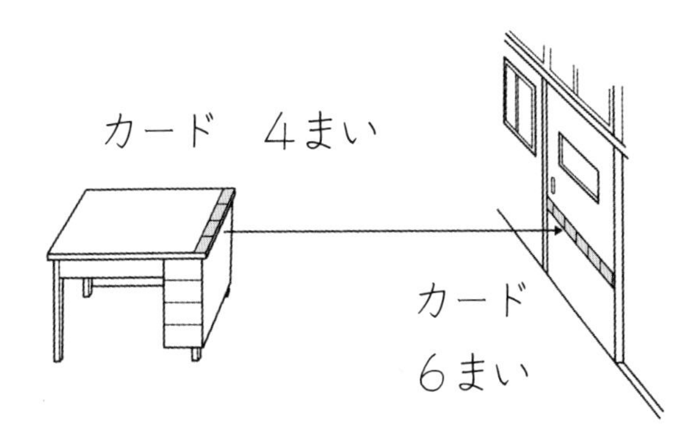

こたえ

2 すいそうを、つくえの　うえに　のせようと
おもいます。はみださないで　のせることが
できますか。おなじ　えんぴつで　なんぼんぶんか
くらべました。

えんぴつ　5ほん

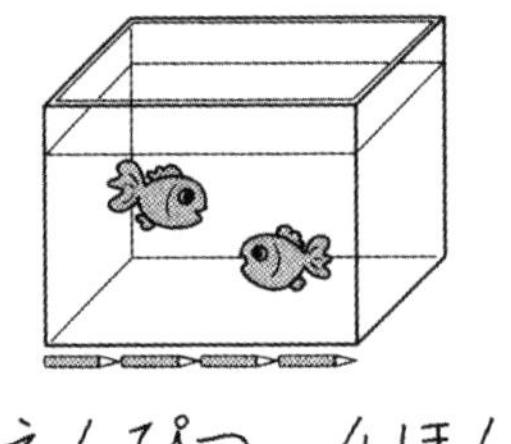
えんぴつ　4ほん

こたえ

がつ　　にち

ひろさくらべ

なまえ

どちらが　ひろいですか。ひろいほうの（　）に　○を　つけましょう。

①

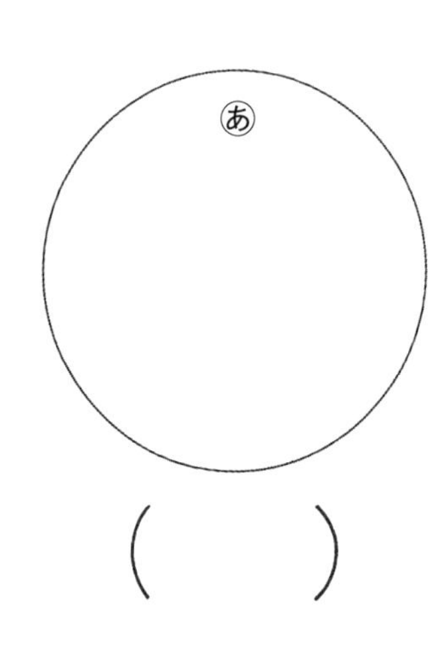

い

（　　）　　（　　）

②

あ　　い

（　　）　　（　　）

③

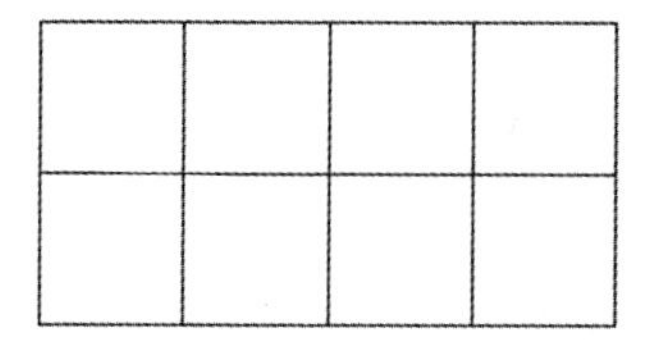

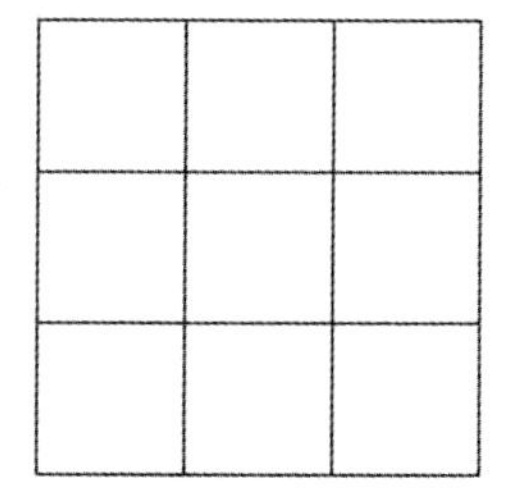

あ（　　）　　い（　　）

がつ　にち

かさくらべ

なまえ

1 どちらが　たくさん　はいりますか。かさが　おおいほうに　○を　つけましょう。

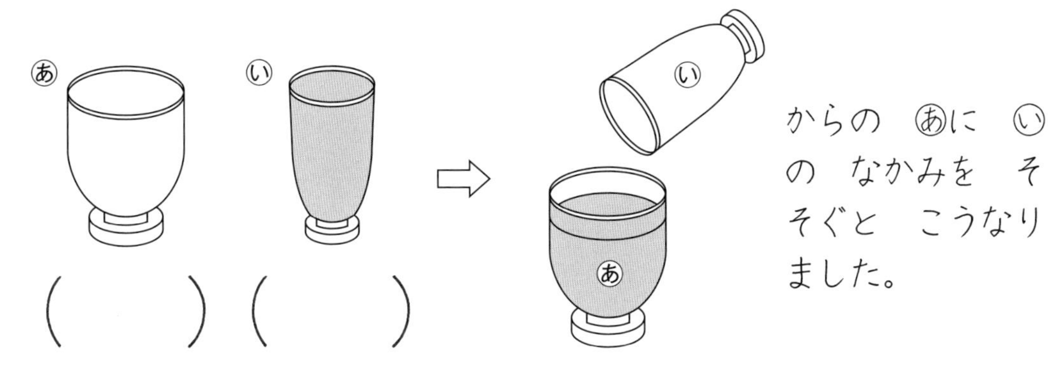

2 かさが　いちばん　おおいのは　どれですか。（　）に　○を　つけましょう。

① おなじ　いれもの

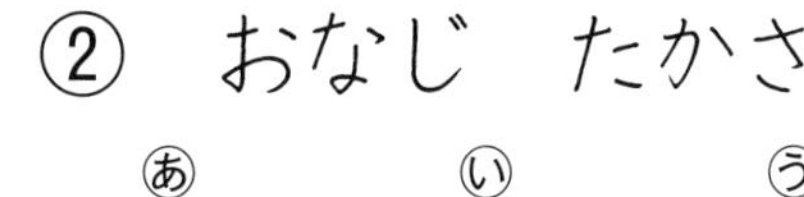

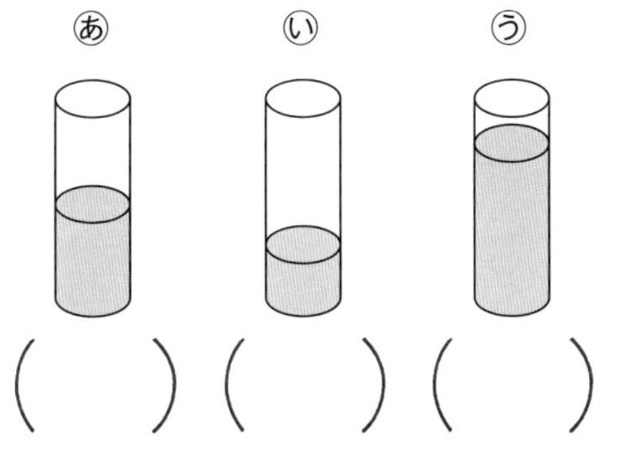

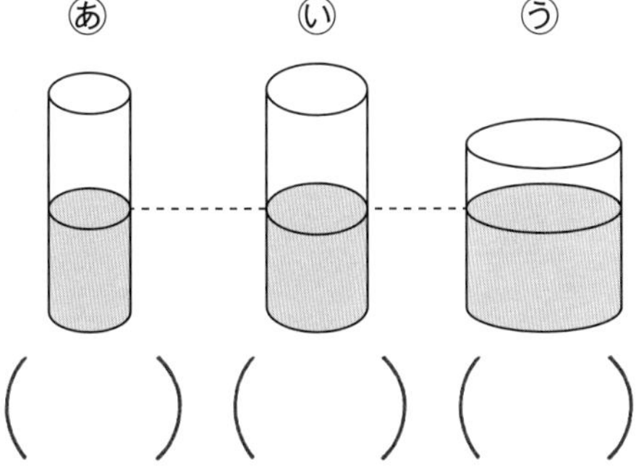

③
(　　) あ
(　　) い
(　　) う

がつ　にち

ながさくらべ まとめ ⒄

なまえ

ますめ なんこぶんの ながさか （　）に かきましょう。（1つ20てん）

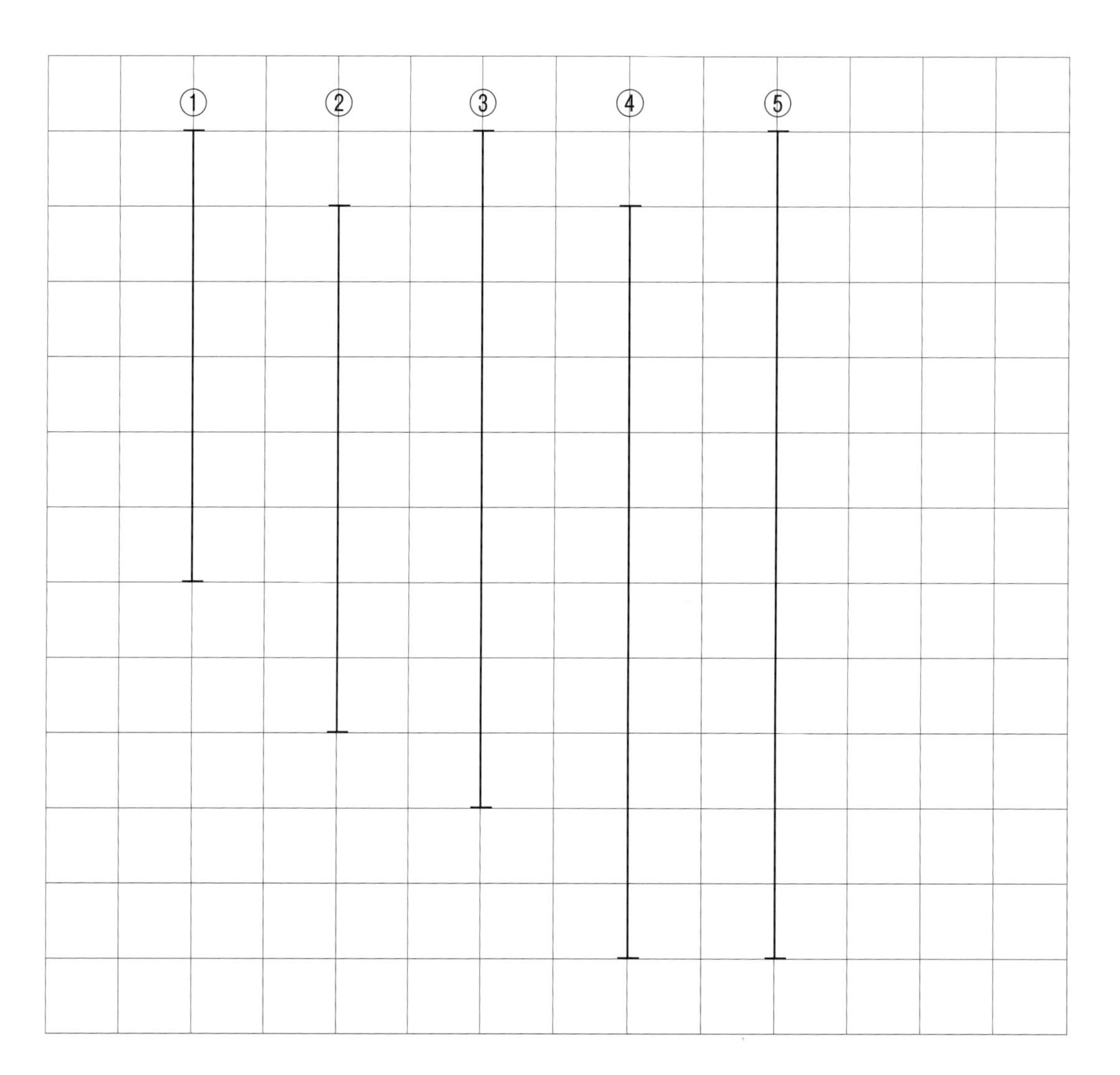

①（　　　）　②（　　　）　③（　　　）

④（　　　）　⑤（　　　）

てん

ひろさ、かさくらべ まとめ ⑱

なまえ

がつ　　にち

1　ひろい　ものの　じゅんに（　）に
ばんごうを　かきましょう。　(50 てん)

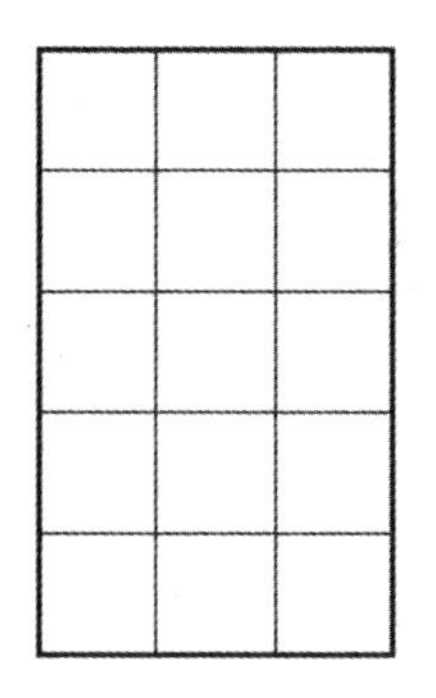
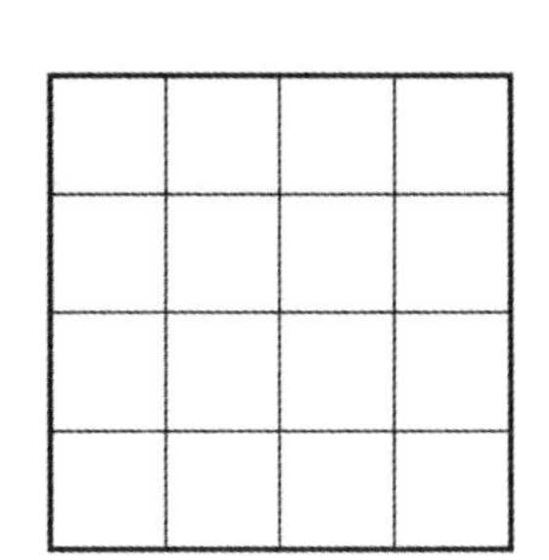
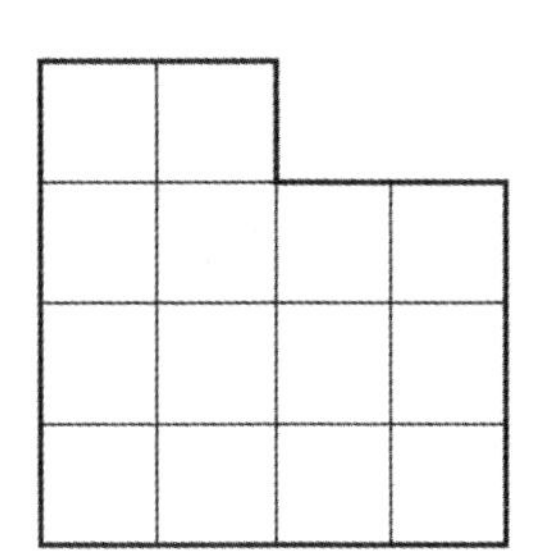

Ⓐ（　　）　Ⓘ（　　）　Ⓤ（　　）

2　かさが　おおい　ものの　じゅんに（　）に
ばんごうを　かきましょう。　(50 てん)

Ⓐ（　　）

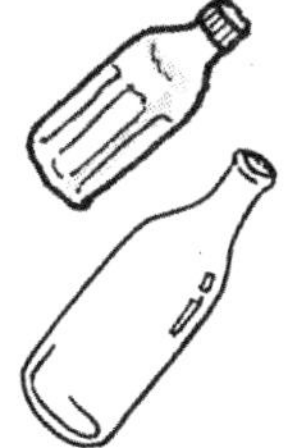

Ⓘ（　　）

Ⓤ（　　）

てん

がつ　にち

おおきなかず（1）

なまえ

ぼうは　なんぼん　ありますか。

①

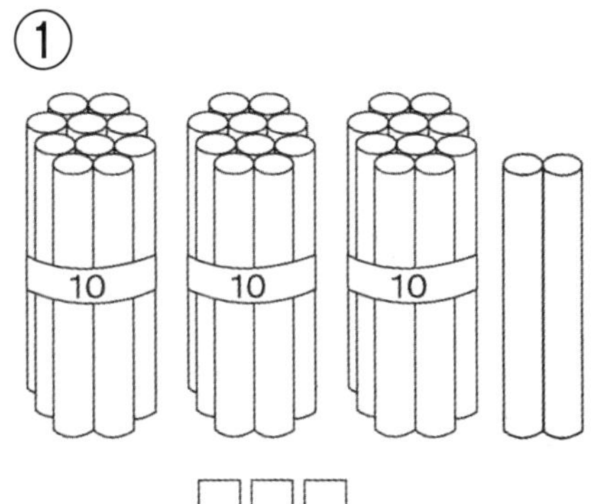

10ぽんが　3こで　30ぽん
ばらが　2ほん
ぜんぶで　三十二ほん

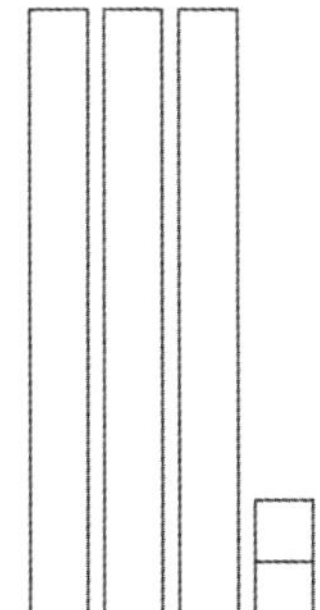

十のくらいが　3
一のくらいが　2

十（じゅう）のくらい	一（いち）のくらい
3	2

②

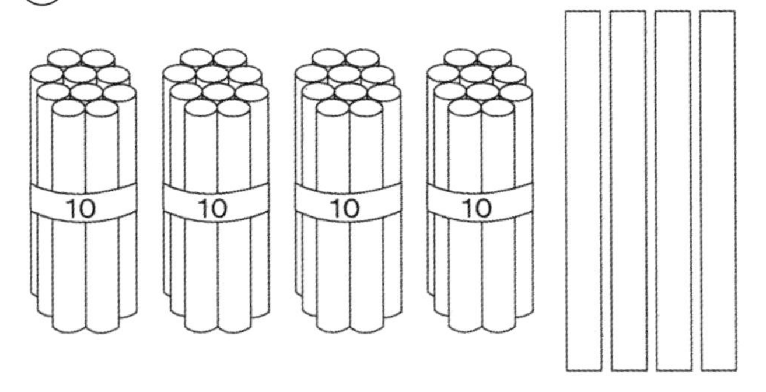

十のくらい	一のくらい
4	0

③

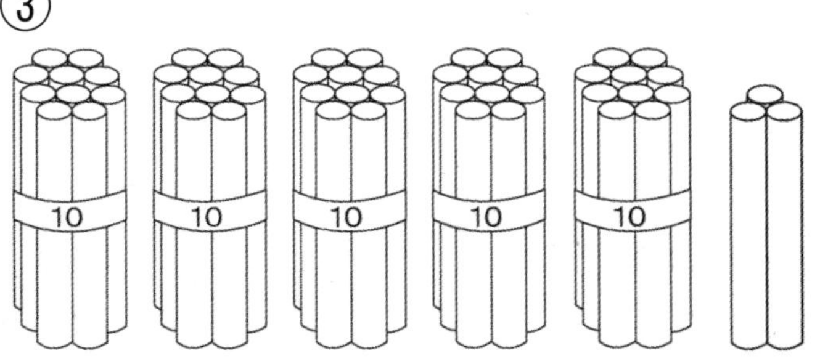

十のくらい	一のくらい

がつ　　にち

おおきなかず (2)

なまえ

1 □に　あてはまる　かずを　かきましょう。

① 10が　6こと、1が　7こで　□。

② 10が　8こと、1が　4こで　□。

③ 10が　9こと、1が　9こで　□。

④ 10が　7こと、1が　8こで　□。

2 □に　あてはまる　かずを　かきましょう。

① 60は　10を　□こ　あつめた　かずです。

② 75は　10を　□こと、1を　□こ　あわせた　かずです。

③ 86は　10を　□こと、1を　□こ　あわせた　かずです。

④ 90は　10を　□こ　あつめた　かずです。

がつ　にち

おおきなかず (3)

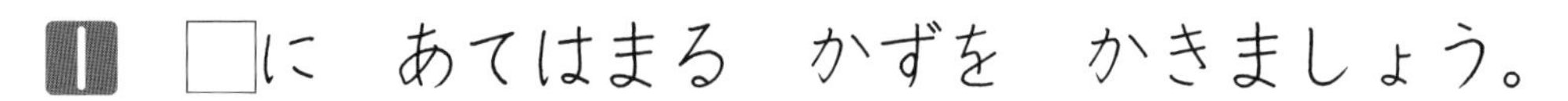

なまえ

1 □に　あてはまる　かずを　かきましょう。

① 55は　50と　□を　あわせた　かずです。

② 41は　□と　1を　あわせた　かずです。

③ 64は　□と　4を　あわせた　かずです。

④ 73は　70と　□を　あわせた　かずです。

2 いちばん　おおきい　かずに　○を　つけましょう。

① 81　79　80
(　)(　)(　)

② 89　99　98
(　)(　)(　)

3 いちばん　ちいさい　かずに　○を　つけましょう。

① 96　97　99
(　)(　)(　)

② 56　65　55
(　)(　)(　)

がつ　にち

おおきなかず (4)

なまえ

1

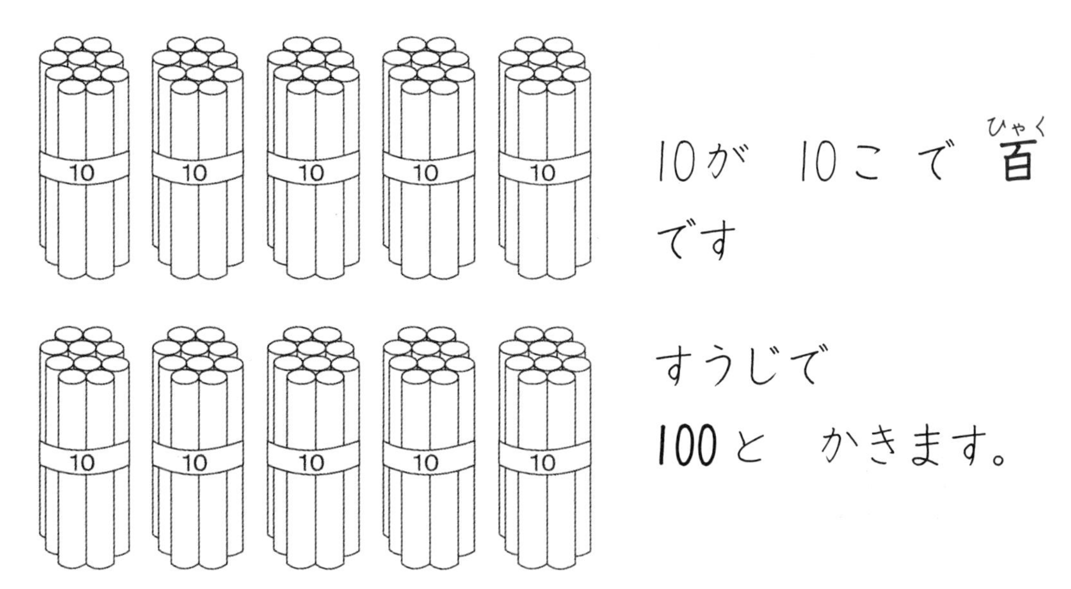

10が　10こ　で　百(ひゃく)　です

すうじで

100と　かきます。

百の くらい	十の くらい	一の くらい
1	0	0

2　□に　あてはまる　かずを　かきましょう。

10	20				60
		90			

がつ　　にち

おおきなかず (5)

なまえ

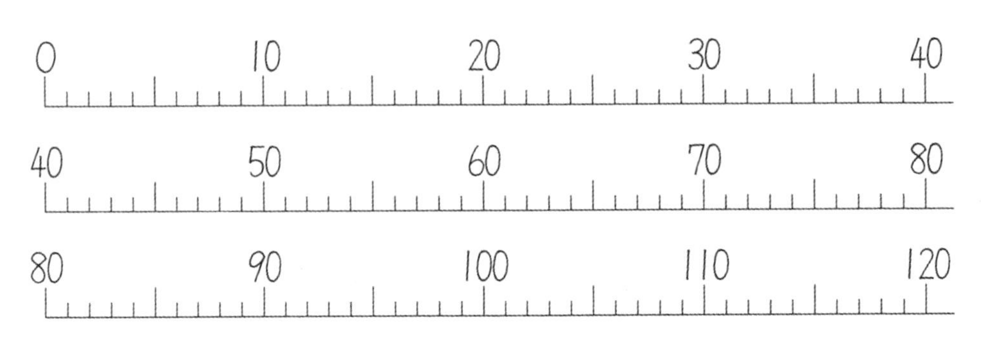

かずの　せんを　みて　こたえましょう。

① 49より　1　おおきい　かず

② 60より　1　ちいさい　かず

③ 70より　2　ちいさい　かず

④ 80より　3　おおきい　かず

⑤ 95より　4　おおきい　かず

⑥ 99より　1　おおきい　かず

⑦ 100より　1　ちいさい　かず

⑧ 100より　5　おおきい　かず

⑨ 114より　1　おおきい　かず

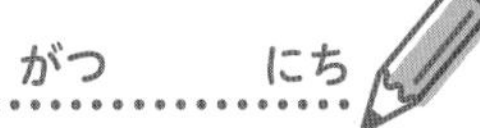

おおきいかず (6)

なまえ

□に　あてはまる　かずを　かきましょう。

①	83	84			87	
②	88	89			92	
③	95		97		99	
④	98	99			102	
⑤	107				111	
⑥	116			119		
⑦	120	119		117		

2けたのけいさん (1)

なまえ

けいさんを　しましょう。

① $20+30=$　　② $30+50=$

③ $60+40=$　　④ $10+70=$

⑤ $90+10=$　　⑥ $30+70=$

⑦ $70-20=$　　⑧ $60-30=$

⑨ $100-50=$　　⑩ $90-40=$

⑪ $100-80=$　　⑫ $100-10=$

がつ　　にち

2けたのけいさん (2)

なまえ

けいさんを　しましょう。

① 40＋5＝

② 70＋6＝

③ 80＋3＝

④ 50＋8＝

⑤ 90＋7＝

⑥ 20＋4＝

⑦ 36－6＝

⑧ 48－8＝

⑨ 55－5＝

⑩ 69－9＝

⑪ 82－2＝

⑫ 97－7＝

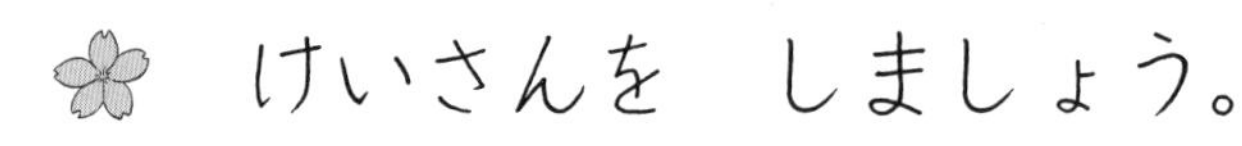

2けたのけいさん (3)

なまえ　　　　　がつ　　　にち

🌸 けいさんを　しましょう。

① 71＋4＝　　　　② 82＋6＝

③ 93＋3＝　　　　④ 33＋5＝

⑤ 65＋2＝　　　　⑥ 52＋7＝

⑦ 77－4＝　　　　⑧ 68－5＝

⑨ 89－7＝　　　　⑩ 95－3＝

⑪ 46－2＝　　　　⑫ 29－6＝

2けたのけいさん (4)

がつ　　にち

なまえ

けいさんを　しましょう。

① $40+40=$

② $100-60=$

③ $70+30=$

④ $100-20=$

⑤ $40+60=$

⑥ $50-20=$

⑦ $90+9=$

⑧ $77-7=$

⑨ $60+7=$

⑩ $95-5=$

⑪ $84+3=$

⑫ $68-4=$

がつ　　にち

おおきなかず まとめ ⑲

なまえ

1 □に　あてはまる　かずを　かきましょう。

（1つ 10 てん）

① 68は、60と □ を　あわせた　かずです。

② 92は □ と　2を　あわせた　かずです。

③ 99より　1　おおきい　かずは □ です。

④ 88より　8　ちいさい　かずは □ です。

2 おおきい　かずに　○を　つけましょう。

（1つ 10 てん）

① 96と89　　② 108と120

3 □に　あてはまる　かずを　かきましょう。

（□1つ5てん）

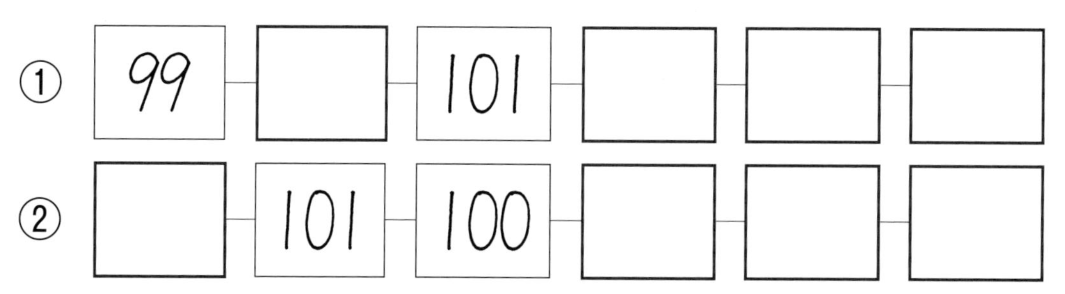

てん

がつ　　にち

2けたのけいさん まとめ ⑳

なまえ

けいさんを　しましょう。　（1つ5てん）

① 71＋5＝　　② 80＋5＝

③ 92＋3＝　　④ 34＋4＝

⑤ 61＋6＝　　⑥ 50＋50＝

⑦ 70＋10＝　　⑧ 80＋20＝

⑨ 40＋60＝　　⑩ 30＋50＝

⑪ 74－1＝　　⑫ 68－2＝

⑬ 89－7＝　　⑭ 95－3＝

⑮ 46－6＝　　⑯ 80－20＝

⑰ 60－30＝　　⑱ 50－40＝

⑲ 100－40＝　　⑳ 100－30＝

てん

がつ　　にち

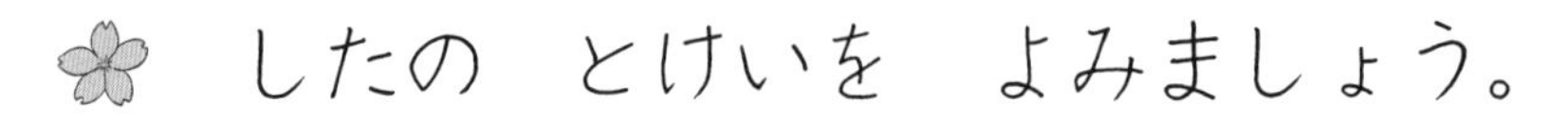

とけい (1)

なまえ

✿ したの　とけいを　よみましょう。

①

（　　　　じ）

②

（　　　　じ）

③

（　　　　じ）

④

（　　　　）

⑤

（　　　　）

⑥

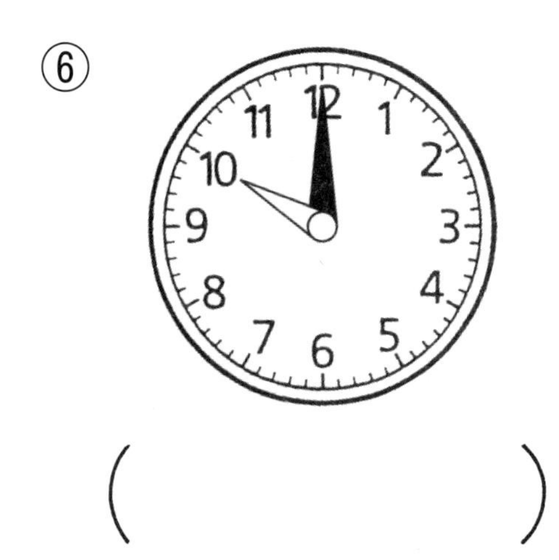

（　　　　）

がつ　　にち

とけい (2)

なまえ

1 なんじはん　ですか。

2 なんじ　なんぷん　ですか。

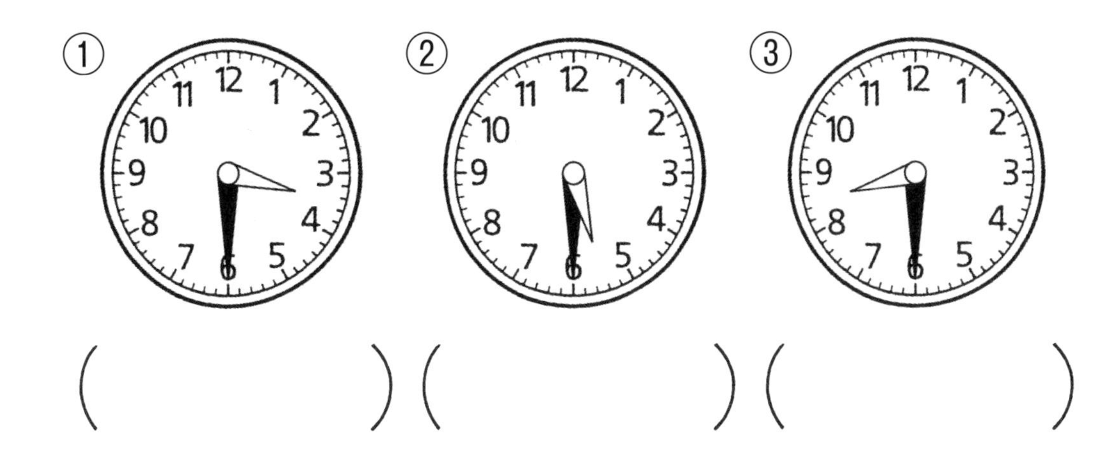

がつ　　にち

とけい (3)

なまえ

したの　とけいを　よみましょう。

①

②

③

④

⑤

⑥
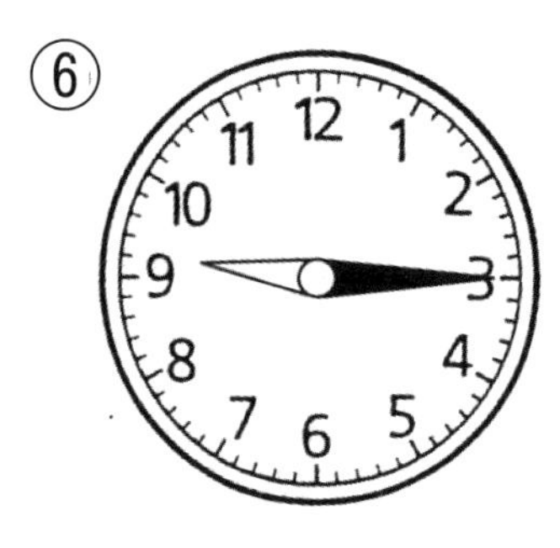

⑦

⑧

⑨
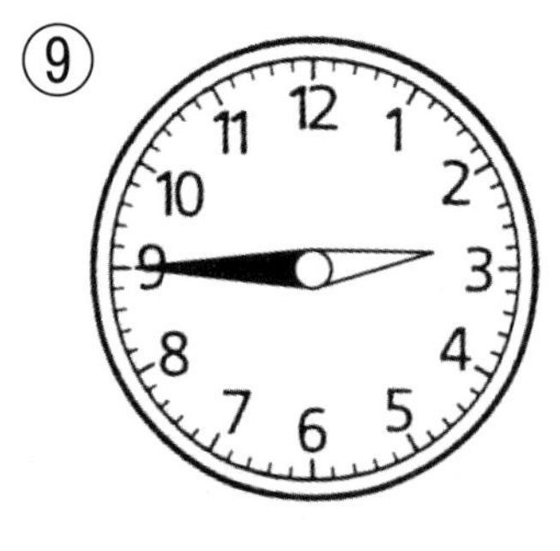

（　　　　）（　　　　）（　　　　）

とけい (4)

がつ　にち

なまえ

したの　とけいを　よみましょう。

①

②

③

（　　　）（　　　）（　　　）

④

⑤

⑥

（　　　）（　　　）

⑦

⑧

⑨

（　　　）（　　　）（　　　）

がつ　　にち

とけい まとめ ⑵1

なまえ

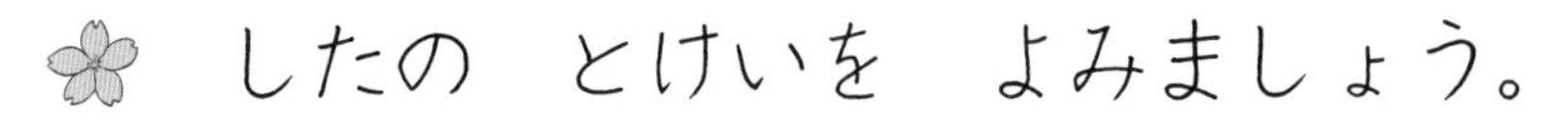

したの　とけいを　よみましょう。

(①～⑥ 10 てん、⑦、⑧ 20 てん)

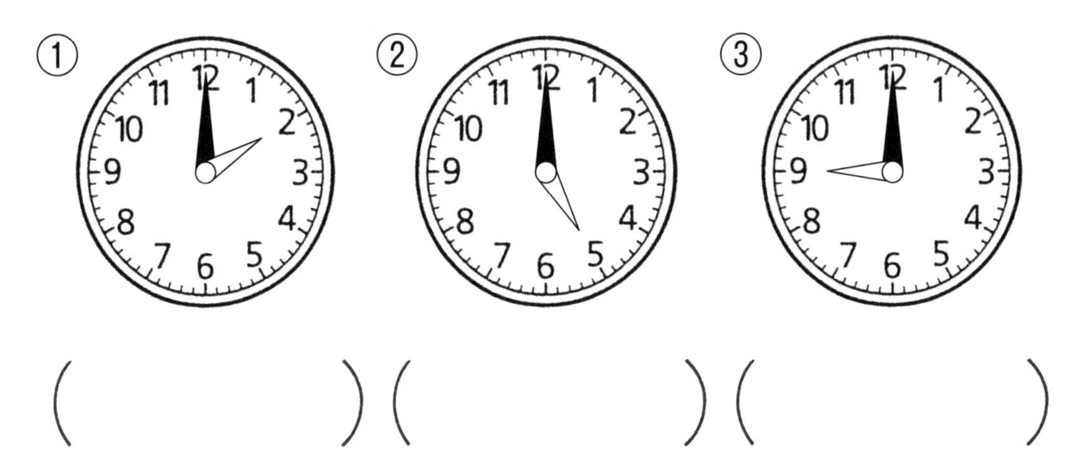

(　　　)(　　　)(　　　)

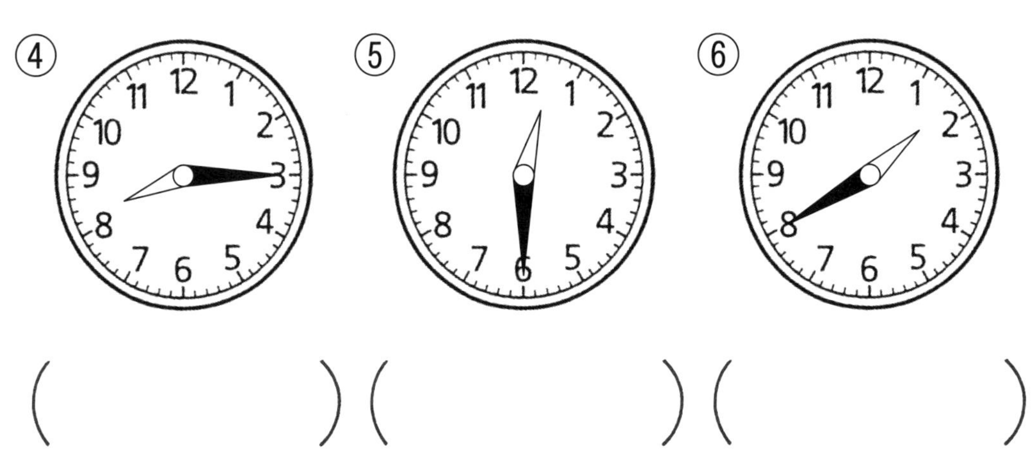

(　　　)(　　　)(　　　)

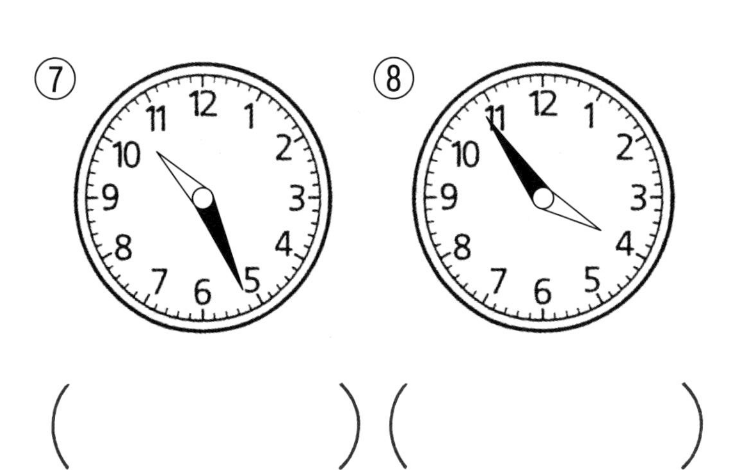

(　　　)(　　　)

てん

がつ　　にち

とけい まとめ ㉒

なまえ

 とけいの　はりを　かきましょう。

（①〜⑥ 10 てん、⑦、⑧ 20 てん）

①
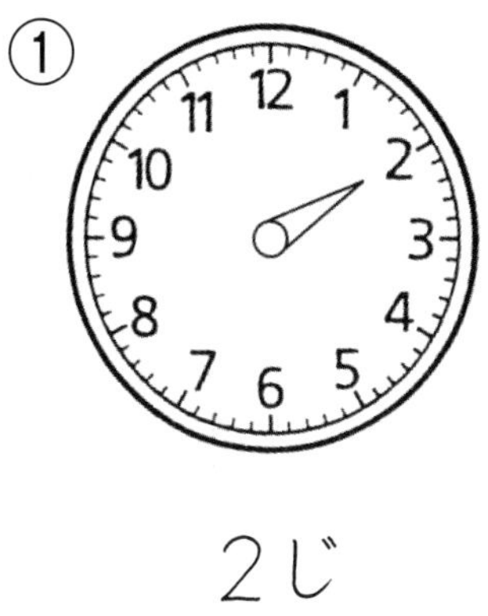

2じ

②

8じ

③
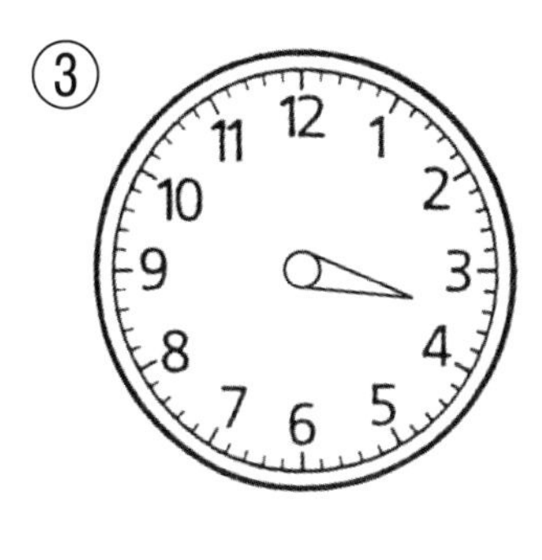

3じはん

④
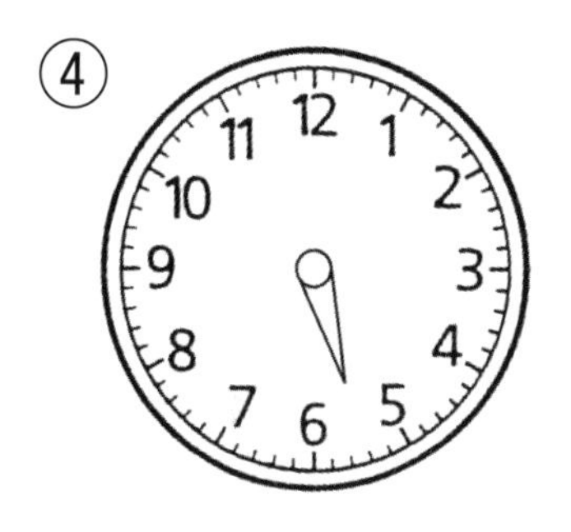

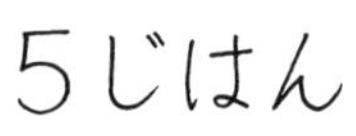

5じはん

⑤
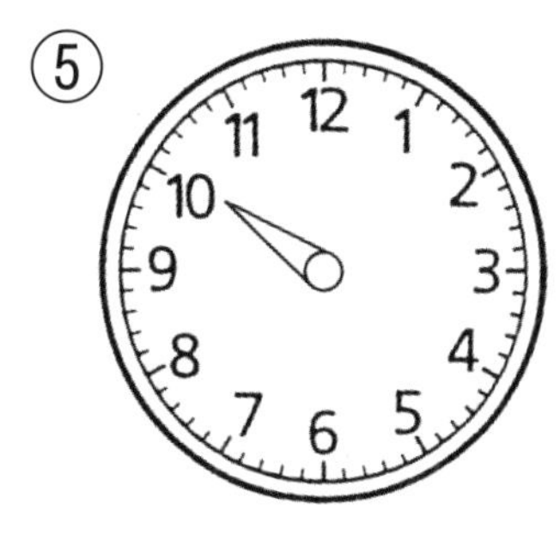

10じ 10ぷん

⑥
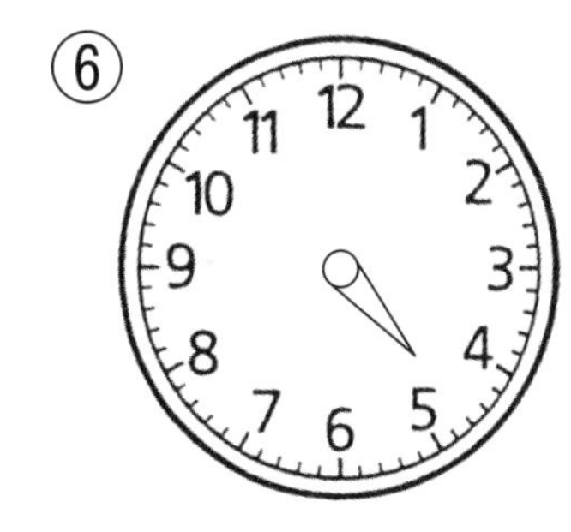

4じ 40ぷん

⑦
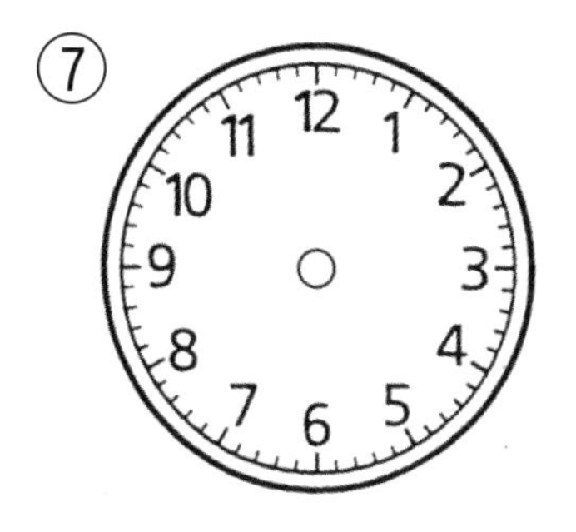

1じ 35ふん

⑧
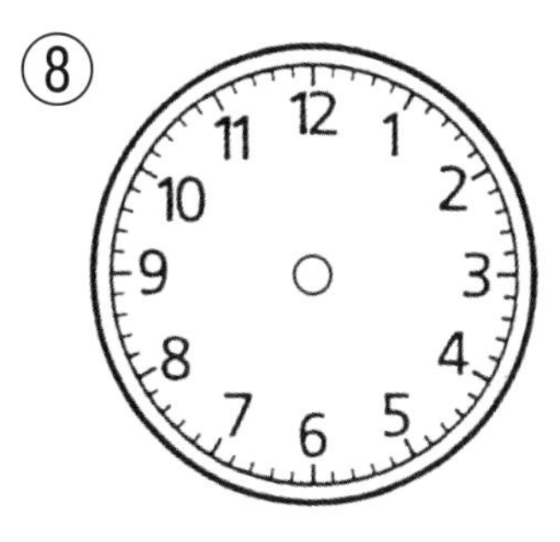

6じ 15ふん

てん

がつ　にち

かたち (1)

なまえ

1 いろいろな　ものを　おいて、かたちを　うつしました。あうものを　せんで　むすびましょう。

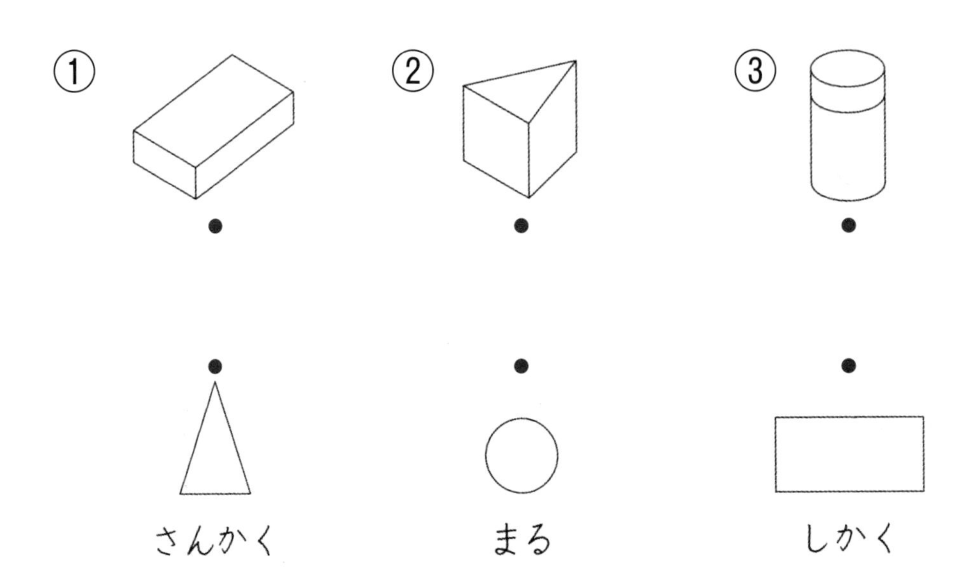

2 したの　ものを　さかの　うえに　おきました。よく　ころがるものは　どれですか。（　）に　○を　つけましょう。

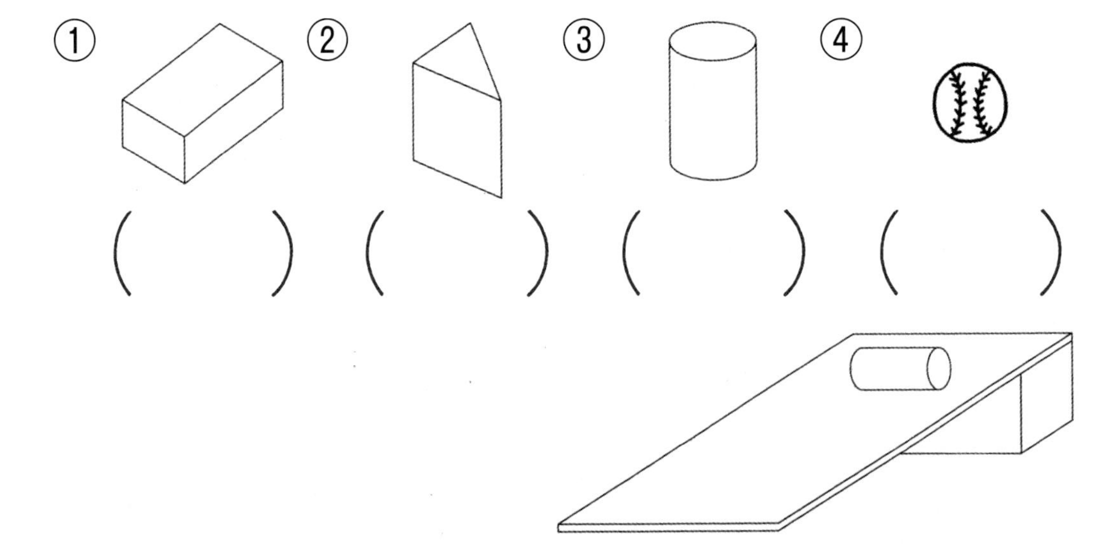

がつ　にち

かたち (2)

なまえ

1 さんかく ◺を　ならべて　いろいろな

かたちを　つくりましょう。

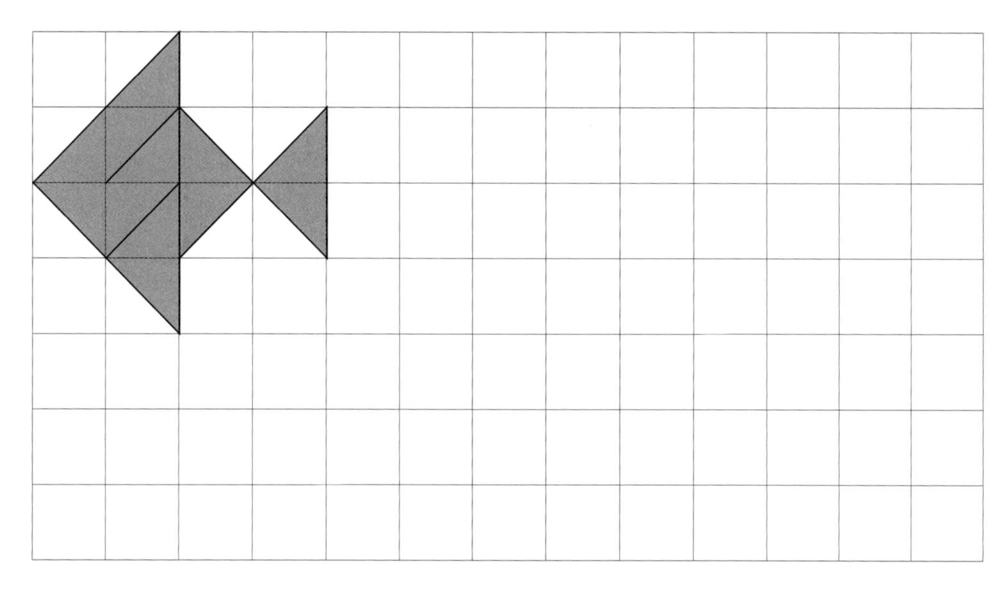

2 てんを　つないで、さんかくや　しかく、

いろいろな　かたちを　つくりましょう。

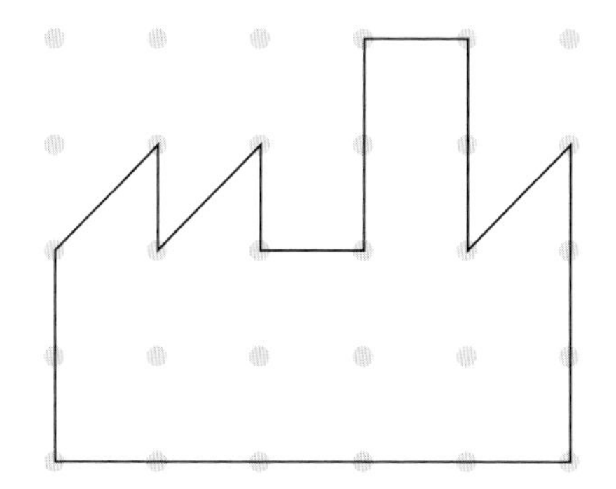

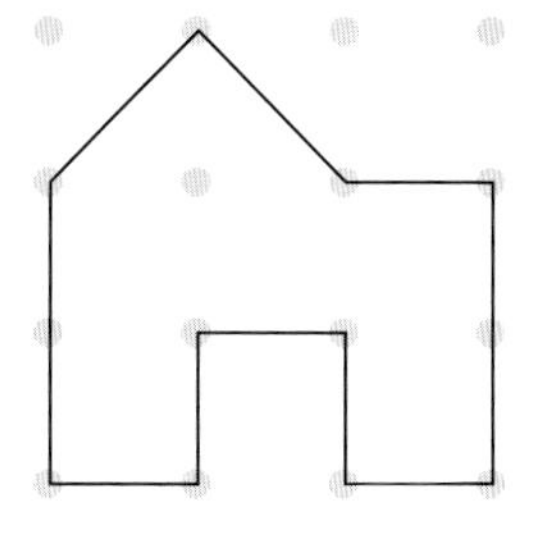

こたえ

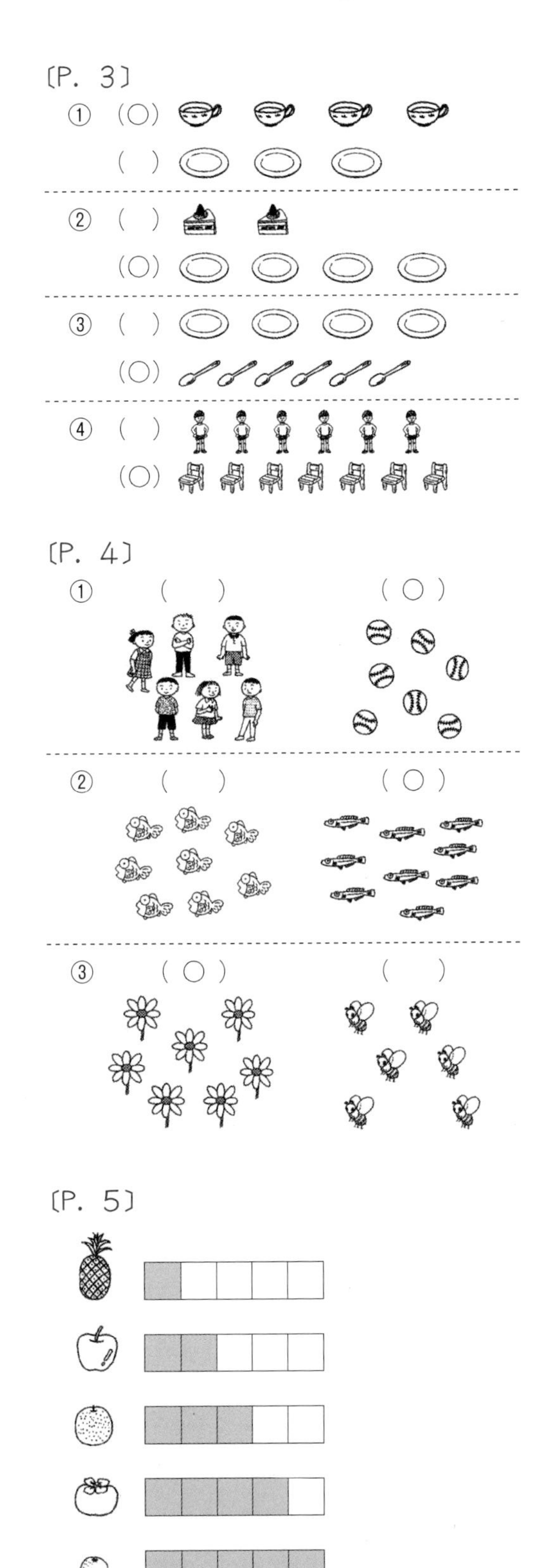

〔P. 6〕

1 (しょうりゃく)

2 ① 2　② 4
③ 5　④ 3

〔P. 7〕

1 (しょうりゃく)

2 ① 2　② 0

〔P. 8〕

① 1　3
(　)(○)

② 2　4
(　)(○)

③ 3　0
(○)(　)

④ 5　2
(○)(　)

⑤ 4　5
(　)(○)

⑥ 0　1
(　)(○)

〔P. 9〕

1 ① 1　② 3　③ 5
④ 2　⑤ 0　⑥ 4

2 5 ご　4 し(よん)
3 さん　2 に
1 いち　0 れい

〔P. 10〕

1 ①

②

③

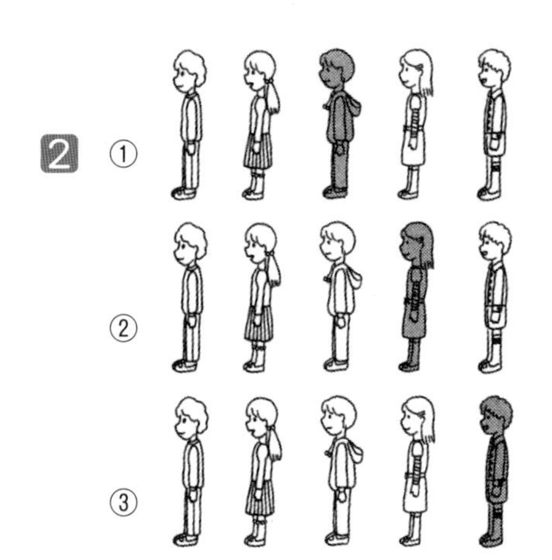

〔P. 11〕

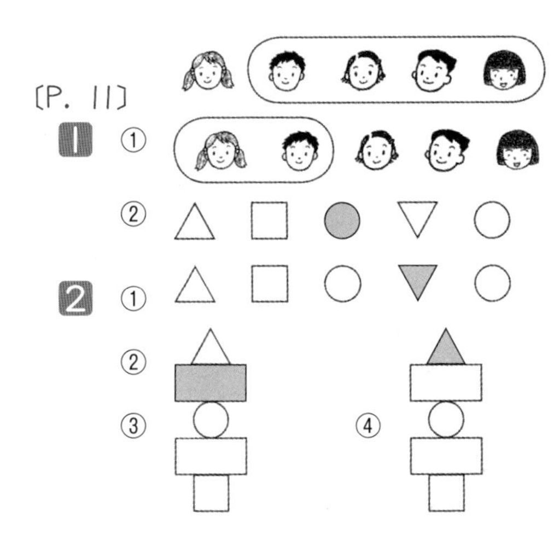

〔P. 12〕
① 2　② 3　③ 3
④ 4　⑤ 4

〔P. 13〕
① 4　② 5　③ 5
④ 5　⑤ 5

〔P. 14〕
① 1　② 1　③ 1
④ 3　⑤ 3

〔P. 15〕
① 2　② 4　③ 2
④ 2　⑤ 1

〔P. 16〕
1　2+3=5　5こ
2　2+2=4　4こ

〔P. 17〕
1　2+1=3　3ぼん
2　1+3=4　4こ
3　1+4=5　5さつ

〔P. 18〕
1　3+2=5　5ひき
2　3+1=4　4だい

〔P. 19〕
1　4+1=5　5ほん
2　1+2=3　3こ
3　1+1=2　2こ

〔P. 20〕
① 2　② 3
③ 4　④ 5
⑤ 1　⑥ 4
⑦ 5　⑧ 2
⑨ 4　⑩ 5

〔P. 21〕
① 0　② 1
③ 2　④ 3
⑤ 4　⑥ 5
⑦ 3　⑧ 5
⑨ 4　⑩ 5

〔P. 22〕
1　3−1=2　2ひき
2　2−1=1　1こ

〔P. 23〕
1　4−2=2　2ほん
2　5−3=2　2ひき
3　3−2=1　1こ

〔P. 24〕
1　5−4=1　1ぽん
2　4−1=3　3ぼん

〔P. 25〕

1 5－2＝3　3まい
2 4－3＝1　1ぴき
3 5－1＝4　4こ

〔P. 26〕

① 4　② 2
③ 2　④ 2
⑤ 3　⑥ 1
⑦ 5　⑧ 3
⑨ 2　⑩ 1

〔P. 27〕

① 0　② 0
③ 0　④ 0
⑤ 0　⑥ 1
⑦ 4　⑧ 1
⑨ 1　⑩ 3

〔P. 28〕

① 2　② 4
③ 5　④ 4
⑤ 3　⑥ 5
⑦ 1　⑧ 4
⑨ 5　⑩ 3
⑪ 5　⑫ 4
⑬ 4　⑭ 2
⑮ 3　⑯ 3
⑰ 2　⑱ 5
⑲ 5　⑳ 1

〔P. 29〕

① 2　② 4
③ 2　④ 0
⑤ 1　⑥ 3
⑦ 3　⑧ 1
⑨ 1　⑩ 1
⑪ 1　⑫ 2
⑬ 3　⑭ 0
⑮ 0　⑯ 5
⑰ 4　⑱ 0
⑲ 0　⑳ 2

〔P. 30〕

6 ●●●●●　●○○○○
7 ●●●●●　●●○○○
8 ●●●●●　●●●○○
9 ●●●●●　●●●●○
10 ●●●●●　●●●●●

〔P. 31〕

1 （しょうりゃく）
2 ① 7　② 9
③ 8　④ 10

〔P. 32〕

1 ① 5　② 4　③ 3
④ 2　⑤ 1
2 ① 4　② 1　③ 3
④ 5　⑤ 2

〔P. 33〕

1 ① 6　② 5　③ 4
④ 3　⑤ 2　⑥ 1
2 ① 6　② 3　③ 5
④ 3　⑤ 2　⑥ 4
⑦ 1

〔P. 34〕

1 ① 7　② 6　③ 5
④ 4　⑤ 3　⑥ 2
⑦ 1
2 ① 6　② 4　③ 3
④ 7　⑤ 5　⑥ 2
⑦ 1

〔P. 35〕

1 ① 8　② 7　③ 6
④ 5　⑤ 4　⑥ 3
⑦ 2　⑧ 1
2 ① 6　② 4　③ 7
④ 8　⑤ 5　⑥ 3

〔P. 36〕

① 6 ② 7
③ 7 ④ 9
⑤ 7 ⑥ 9
⑦ 9 ⑧ 8
⑨ 6 ⑩ 8
⑪ 7 ⑫ 9
⑬ 8

〔P. 37〕

① 7 ② 8
③ 7 ④ 8
⑤ 8 ⑥ 9
⑦ 9 ⑧ 9
⑨ 6 ⑩ 9
⑪ 8 ⑫ 6
⑬ 6

〔P. 38〕

① 8 ② 6
③ 2 ④ 3
⑤ 5 ⑥ 2
⑦ 2 ⑧ 6
⑨ 5 ⑩ 3
⑪ 3 ⑫ 3
⑬ 4

〔P. 39〕

① 7 ② 4
③ 1 ④ 7
⑤ 6 ⑥ 1
⑦ 5 ⑧ 5
⑨ 1 ⑩ 4
⑪ 1 ⑫ 2
⑬ 4

〔P. 40〕

① 1，9 ② 2，8
③ 3，7 ④ 4，6
⑤ 5，5

〔P. 41〕

① 6，4 ② 7，3
③ 8，2 ④ 9，1

〔P. 42〕

① 9 ② 8
③ 7 ④ 6
⑤ 5 ⑥ 4
⑦ 3 ⑧ 2
⑨ 1 ⑩ 8
⑪ 6 ⑫ 9
⑬ 4 ⑭ 7
⑮ 2 ⑯ 5
⑰ 3 ⑱ 1

〔P. 43〕

① 10 ② 10
③ 10 ④ 10
⑤ 10 ⑥ 10
⑦ 10 ⑧ 10
⑨ 10 ⑩ 9
⑪ 8 ⑫ 7
⑬ 6 ⑭ 5
⑮ 4 ⑯ 3
⑰ 2 ⑱ 1

〔P. 44〕

① 7 ② 8
③ 7 ④ 8
⑤ 8 ⑥ 10
⑦ 5 ⑧ 10
⑨ 10 ⑩ 3
⑪ 3 ⑫ 5
⑬ 8 ⑭ 9
⑮ 5 ⑯ 2
⑰ 5 ⑱ 6

〔P. 45〕

① 5 ② 9
③ 7 ④ 8
⑤ 10 ⑥ 4
⑦ 3 ⑧ 6
⑨ 8 ⑩ 9
⑪ 7 ⑫ 6
⑬ 10 ⑭ 10
⑮ 6 ⑯ 7
⑰ 9 ⑱ 6

〔P. 46〕

① 4　② 5
③ 2　④ 1
⑤ 0　⑥ 3
⑦ 4　⑧ 3
⑨ 3　⑩ 8
⑪ 6　⑫ 2
⑬ 6　⑭ 5
⑮ 2　⑯ 7
⑰ 6　⑱ 2

〔P. 47〕

① 3　② 4
③ 5　④ 0
⑤ 9　⑥ 4
⑦ 1　⑧ 0
⑨ 7　⑩ 1
⑪ 4　⑫ 1
⑬ 1　⑭ 2
⑮ 1　⑯ 2
⑰ 5　⑱ 5

〔P. 48〕

① 9　② 10
③ 10　④ 8
⑤ 10　⑥ 10
⑦ 9　⑧ 10
⑨ 8　⑩ 9
⑪ 10　⑫ 8
⑬ 10　⑭ 9
⑮ 9　⑯ 9
⑰ 8　⑱ 8
⑲ 8　⑳ 7

〔P. 49〕

① 6　② 3
③ 8　④ 4
⑤ 3　⑥ 2
⑦ 6　⑧ 7
⑨ 1　⑩ 5
⑪ 5　⑫ 3
⑬ 3　⑭ 8
⑮ 3　⑯ 2
⑰ 5　⑱ 4
⑲ 4　⑳ 7

〔P. 50〕

1 ①（しゅうりゃく）
②

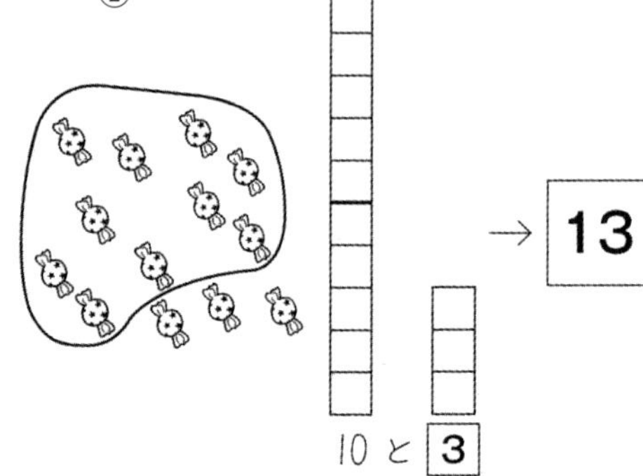

2 ① 13　② 15
③ 18　④ 19

〔P. 51〕

① 10　② 11　③ 12
④ 13　⑤ 14　⑥ 15

〔P. 52〕

① 16　② 17　③ 18
④ 19　⑤ 20

〔P. 53〕

1 ① 3　② 5
③ 6　④ 10

2 ○をつけるもの
① 11　② 15
③ 12　④ 20

3 0-1-2-3-4-5-6-7-8-9-10-11-12-13-14-15-16-17-18-19-20

〔P. 54〕

① 11　② 12
③ 13　④ 15
⑤ 17　⑥ 19
⑦ 14　⑧ 17
⑨ 17　⑩ 17

⑪ 19　⑫ 17
⑬ 16　⑭ 19
⑮ 12

〔P. 55〕
① 15　② 14
③ 14　④ 19
⑤ 17　⑥ 18
⑦ 18　⑧ 19
⑨ 14　⑩ 19
⑪ 19　⑫ 16
⑬ 15　⑭ 19
⑮ 18

〔P. 56〕
① 13　② 15
③ 18　④ 13
⑤ 17　⑥ 18
⑦ 18　⑧ 18
⑨ 19　⑩ 15
⑪ 16　⑫ 16
⑬ 18　⑭ 16
⑮ 16

〔P. 57〕
① 14　② 15
③ 16　④ 15
⑤ 14　⑥ 14
⑦ 13　⑧ 10
⑨ 10　⑩ 10
⑪ 10　⑫ 13
⑬ 16　⑭ 15
⑮ 11

〔P. 58〕
① 18　② 14
③ 11　④ 11
⑤ 12　⑥ 12
⑦ 10　⑧ 10
⑨ 11　⑩ 17
⑪ 12　⑫ 12
⑬ 17　⑭ 13
⑮ 14

〔P. 59〕
① 12　② 12
③ 12　④ 11
⑤ 10　⑥ 11
⑦ 11　⑧ 13
⑨ 10　⑩ 13
⑪ 11　⑫ 10
⑬ 13　⑭ 15
⑮ 16

〔P. 60〕
① 13　② 17
③ 18　④ 18
⑤ 18　⑥ 19
⑦ 15　⑧ 18
⑨ 19　⑩ 17
⑪ 16　⑫ 19
⑬ 17　⑭ 19
⑮ 16　⑯ 14
⑰ 13　⑱ 19
⑲ 17　⑳ 15

〔P. 61〕
① 15　② 14
③ 11　④ 11
⑤ 10　⑥ 11
⑦ 10　⑧ 12
⑨ 10　⑩ 11
⑪ 13　⑫ 10
⑬ 14　⑭ 12
⑮ 13　⑯ 10
⑰ 10　⑱ 11
⑲ 15　⑳ 13

〔P. 62〕
1　$9+4=13$
2　$9+3=12$

〔P. 63〕
① 11　② 15　③ 18　④ 16
⑤ 14　⑥ 17

〔P. 64〕

1 8＋5＝13
2 8＋4＝12

〔P. 65〕

① 14　② 11　③ 15　④ 17
⑤ 16

〔P. 66〕

1 7＋5＝12
2 7＋4＝11

〔P. 67〕

1 ① 13　② 15　③ 14　④ 16
2 7＋5＝12　12ほん

〔P. 68〕

1 6＋5＝11
2 ① 13　② 15　③ 14

〔P. 69〕

① 12　② 14　③ 11　④ 13
⑤ 13　⑥ 11

〔P. 70〕

① 11　② 12　③ 11　④ 12
⑤ 12

〔P. 71〕

① 11　② 12　③ 13　④ 12
⑤ 13　⑥ 11　⑦ 12　⑧ 11
⑨ 11　⑩ 16　⑪ 14　⑫ 16

〔P. 72〕

① 17　② 12　③ 12　④ 15
⑤ 11　⑥ 14　⑦ 11　⑧ 15
⑨ 18　⑩ 12　⑪ 14　⑫ 13

〔P. 73〕

① 13　② 16　③ 11　④ 13
⑤ 15　⑥ 14　⑦ 13　⑧ 14
⑨ 15　⑩ 12　⑪ 11　⑫ 17

〔P. 74〕

① 11　② 16　③ 11　④ 13
⑤ 13　⑥ 12　⑦ 13　⑧ 12
⑨ 11　⑩ 14　⑪ 15　⑫ 14
⑬ 11　⑭ 18　⑮ 15　⑯ 11
⑰ 13　⑱ 12　⑲ 13　⑳ 12

〔P. 75〕

① 11　② 11　③ 16　④ 14
⑤ 13　⑥ 17　⑦ 15　⑧ 15
⑨ 12　⑩ 11　⑪ 12　⑫ 17
⑬ 16　⑭ 12　⑮ 13　⑯ 14
⑰ 14　⑱ 12　⑲ 13　⑳ 15

〔P. 76〕

1 ③ 14－9＝5
2 ③ 12－9＝3

〔P. 77〕

① 2　② 6　③ 8　④ 9
⑤ 7　⑥ 4

〔P. 78〕

1 ③ 13－8＝5
2 ③ 15－8＝7

〔P. 79〕

① 4　② 6　③ 9　④ 3
⑤ 8

〔P. 80〕

1 ③ 15－7＝8
2 ③ 14－7＝7

〔P. 81〕

1 ① 4　② 6　③ 9　④ 5
2 15－7＝8　8ほん

〔P. 82〕

1 ③ 13－6＝7
2 ① 6　② 8　③ 9

〔P. 83〕

① 8　② 9　③ 7　④ 6
⑤ 7　⑥ 9

〔P. 84〕

① 9　② 8　③ 9　④ 5
⑤ 5

〔P. 85〕

① 9　② 9　③ 8　④ 4
⑤ 6　⑥ 7　⑦ 8　⑧ 9
⑨ 9　⑩ 9　⑪ 4　⑫ 7

〔P. 86〕

① 6　② 5　③ 6　④ 7
⑤ 8　⑥ 9　⑦ 4　⑧ 7
⑨ 6　⑩ 5　⑪ 7　⑫ 2

〔P. 87〕

① 3　② 8　③ 8　④ 6
⑤ 5　⑥ 7　⑦ 9　⑧ 8
⑨ 8　⑩ 9　⑪ 3　⑫ 5

〔P. 88〕

① 9　② 8　③ 6　④ 6
⑤ 9　⑥ 4　⑦ 8　⑧ 6
⑨ 7　⑩ 5　⑪ 8　⑫ 8
⑬ 4　⑭ 4　⑮ 6　⑯ 6
⑰ 5　⑱ 5　⑲ 7　⑳ 8

〔P. 89〕

① 8　② 3　③ 9　④ 9
⑤ 9　⑥ 3　⑦ 5　⑧ 7
⑨ 9　⑩ 2　⑪ 7　⑫ 9
⑬ 7　⑭ 9　⑮ 9　⑯ 8
⑰ 7　⑱ 7　⑲ 8　⑳ 8

〔P. 90〕

① 13　② 9　③ 12　④ 10
⑤ 4　⑥ 14　⑦ 7　⑧ 12
⑨ 7　⑩ 11　⑪ 7　⑫ 14
⑬ 8　⑭ 17　⑮ 7　⑯ 13
⑰ 7　⑱ 11　⑲ 4　⑳ 3

〔P. 91〕

① 6　② 6　③ 14　④ 10
⑤ 8　⑥ 17　⑦ 9　⑧ 2
⑨ 15　⑩ 14　⑪ 4　⑫ 9
⑬ 16　⑭ 3　⑮ 11　⑯ 9
⑰ 15　⑱ 4　⑲ 11　⑳ 12

〔P. 92〕

1 12－6＝6　6まい
2 12＋6＝18　18まい

〔P. 93〕

1 13－5＝8　8にん
2 13＋5＝18　18にん

〔P. 94〕

1 15－8＝7　7まい
2 3＋9＝12　12こ
3 5＋5＝10　10こ

〔P. 95〕

1 4＋5＝9　9にん
2 14－6＝8　8にん

〔P. 96〕

1 7＋5＝12　12さい
2 5＋12＝17　17ほん

〔P. 97〕

1 3＋1＝4，4＋5＝9　9にん
(または　3＋1＋5＝9)
2 5＋1＝6，6＋4＝10　10にん
(または　5＋1＋4＝10)

〔P. 98〕

③ 3 ＋ 2 ＋ 4 ＝ 9　9にん
(3＋2 → 5，5＋4 → 9)

〔P. 99〕

① 7　② 8　③ 8　④ 9
⑤ 8　⑥ 8　⑦ 8　⑧ 9
⑨ 9　⑩ 16　⑪ 13　⑫ 17

〔P. 100〕

③ 9 − 2 − 3 = 4　4にん

(9 − 2 = 7, 7 − 3 = 4)

〔P. 101〕

① 4	② 2	③ 3	④ 1
⑤ 1	⑥ 3	⑦ 1	⑧ 3
⑨ 1	⑩ 3	⑪ 5	⑫ 8

〔P. 102〕

③ 4 + 5 − 3 = 6　6にん

(4 + 5 = 9, 9 − 3 = 6)

〔P. 103〕

① 6	② 5	③ 6	④ 8
⑤ 2	⑥ 4	⑦ 2	⑧ 4
⑨ 3	⑩ 6	⑪ 2	⑫ 8

〔P. 104〕

① 13	② 6	③ 12	④ 1
⑤ 3	⑥ 13	⑦ 1	⑧ 2
⑨ 16	⑩ 17	⑪ 6	⑫ 7
⑬ 17	⑭ 8	⑮ 6	⑯ 17
⑰ 16	⑱ 1	⑲ 15	⑳ 1

〔P. 105〕

① 16	② 6	③ 4	④ 7
⑤ 17	⑥ 1	⑦ 3	⑧ 15
⑨ 3	⑩ 7	⑪ 5	⑫ 18
⑬ 5	⑭ 1	⑮ 19	⑯ 8
⑰ 5	⑱ 17	⑲ 2	⑳ 14

〔P. 106〕

1 ① ㋐　② ㋑

2 ① ㋐　② ㋑　③ ㋑

〔P. 107〕

① たて

② たて

③ よこ

〔P. 108〕

1 ①

2 ②

3 ②→③→①→④

〔P. 109〕

1 だせる

2 できる

〔P. 110〕

① ㋑

② ㋐

③ ㋑

〔P. 111〕

1 ㋐

2 ① ㋒　② ㋒　③ ㋑

〔P. 112〕

① 6　② 7　③ 9

④ 10　⑤ 11

〔P. 113〕

1 ㋐ 2　㋑ 1　㋒ 3

2 ㋐ 3　㋑ 2　㋒ 1

〔P. 114〕

① 32

② 40

③ 53

〔P. 115〕

1 ① 67　② 84

　③ 99　④ 78

2 ① 6　② 7，5

　③ 8，6　④ 9

〔P. 116〕

1 ① 5　② 40

　③ 60　④ 3

2 ① 81　② 99

3 ① 96　② 55

〔P. 117〕

1 100

2 10 - 20 - **30** - **40** - **50** - 60 - **70** - **80** - 90 - **100** - **110** - **120**

〔P. 118〕

① 59 ② 59 ③ 68
④ 83 ⑤ 99 ⑥ 100
⑦ 99 ⑧ 105 ⑨ 115

〔P. 119〕

① 83 - 84 - **85** - **86** - 87 - **88**
② 88 - 89 - **90** - **91** - 92 - **93**
③ 95 - **96** - 97 - **98** - 99 - **100**
④ 98 - 99 - **100** - **101** - 102 - **103**
⑤ 107 - **108** - **109** - **110** - 111 - **112**
⑥ 116 - **117** - **118** - 119 - **120** - **121**
⑦ 120 - 119 - **118** - 117 - **116** - **115**

〔P. 120〕

① 50 ② 80 ③ 100 ④ 80
⑤ 100 ⑥ 100 ⑦ 50 ⑧ 30
⑨ 50 ⑩ 50 ⑪ 20 ⑫ 90

〔P. 121〕

① 45 ② 76 ③ 83 ④ 58
⑤ 97 ⑥ 24 ⑦ 30 ⑧ 40
⑨ 50 ⑩ 60 ⑪ 80 ⑫ 90

〔P. 122〕

① 75 ② 88 ③ 96 ④ 38
⑤ 67 ⑥ 59 ⑦ 73 ⑧ 63
⑨ 82 ⑩ 92 ⑪ 44 ⑫ 23

〔P. 123〕

① 80 ② 40 ③ 100 ④ 80
⑤ 100 ⑥ 30 ⑦ 99 ⑧ 70
⑨ 67 ⑩ 90 ⑪ 87 ⑫ 64

〔P. 124〕

1 ① 8 ② 90
③ 100 ④ 80

2 ① 96 ② 120

3 ① 99 - **100** - 101 - **102** - **103** - **104**
② **102** - 101 - 100 - **99** - **98** - **97**

〔P. 125〕

① 76 ② 85 ③ 95 ④ 38
⑤ 67 ⑥ 100 ⑦ 80 ⑧ 100
⑨ 100 ⑩ 80 ⑪ 73 ⑫ 66
⑬ 82 ⑭ 92 ⑮ 40 ⑯ 60
⑰ 30 ⑱ 10 ⑲ 60 ⑳ 70

〔P. 126〕

① 2じ ② 3じ
③ 5じ ④ 7じ
⑤ 9じ ⑥ 10じ

〔P. 127〕

1 ① 1じはん ② 4じはん
③ 7じはん ④ 10じはん
⑤ 11じはん ⑥ 2じはん

2 ① 3じ30ぷん
② 5じ30ぷん
③ 8じ30ぷん

〔P. 128〕

① 5じ10ぷん ② 7じ20ぷん
③ 1じ40ぷん ④ 4じ50ぷん
⑤ 3じ5ふん ⑥ 9じ15ふん
⑦ 2じ35ふん ⑧ 8じ55ふん
⑨ 2じ45ふん

〔P. 129〕

① 10じ7ふん ② 2じ28ぷん
③ 8じ12ふん ④ 5じ59ふん
⑤ 3じ33ぷん ⑥ 4じ41ぷん
⑦ 9じ2ふん ⑧ 11じ24ぷん
⑨ 12じ47ふん

〔P. 130〕

① 2じ　② 5じ
③ 9じ　④ 8じ15ふん
⑤ 12じ30ぷん　⑥ 1じ40ぷん
⑦ 10じ26ぷん　⑧ 3じ54ぷん

〔P. 131〕

①

2じ

②

8じ

③

3じはん

④
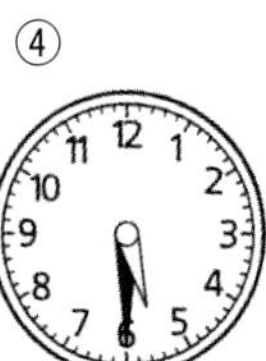
5じはん

⑤
10じ10ぷん

⑥

4じ40ぷん

⑦

1じ35ふん

⑧

6じ15ふん

〔P. 132〕

1 ①　②　③
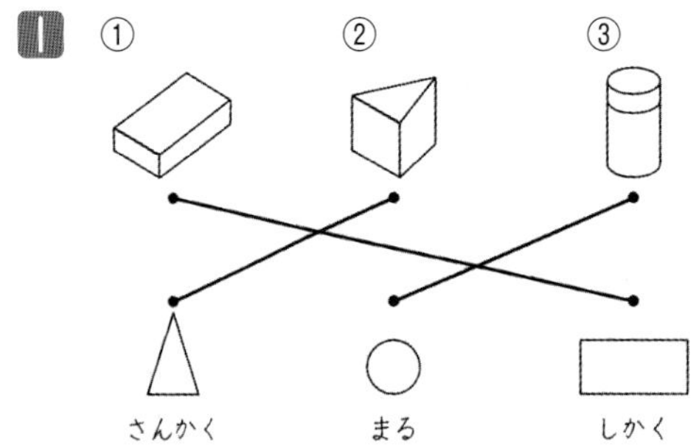

2 ③, ④

〔P. 133〕

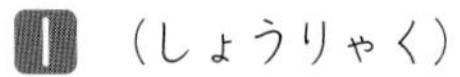
1 （しょうりゃく）
2 （しょうりゃく）